U0930630

| 美丽的地球 |

Timeless Earth

文明奇迹

Wonders *of the* World

[意] 亚历山德拉·卡坡蒂菲罗 等 著
程伟民 徐文晓 徐嘉 译

CNS K 湖南科学技术出版社 · 长沙

图书在版编目（CIP）数据

美丽的地球．文明奇迹 /（意）亚历山德拉・卡坡蒂菲罗等著；程伟民，徐文晓，徐嘉译．-- 长沙：湖南科学技术出版社，2024. 9.（2025.3 重印）-- ISBN 978-7-5710-3023-0

Ⅰ．P941-49；K917-49

中国国家版本馆 CIP 数据核字第 2024QG6093 号

著作版权登记号：字18-2024-150号

WENMING QIJI

文明奇迹

著　　者：[意] 亚历山德拉・卡坡蒂菲罗 等
译　　者：程伟民　徐文晓　徐　嘉
出 版 人：潘晓山
总 策 划：陈沂欢
策划编辑：董佳佳　焦　菲
责任编辑：李文瑶
特约编辑：陈　莹
版权编辑：刘雅娟
地图编辑：程　远　彭　聪
责任美编：彭怡轩
图片编辑：李晓峰
营销编辑：王思宇　魏慧捷
装帧设计：别境Lab
特约印制：焦文献
制　　版：北京美光设计制版有限公司
出版发行：湖南科学技术出版社
地　　址：长沙市开福区泊富国际金融中心 40 楼
网　　址：http://www.hnstp.com
湖南科学技术出版社天猫旗舰店网址：
http://hnkjcbs.tmall.com
邮购联系：本社直销科 0731-84375808
印　　刷：北京华联印刷有限公司
版　　次：2024 年 9 月第 1 版
印　　次：2025 年 3 月第 2 次印刷
开　　本：710mm×1000mm　1/16
印　　张：21
字　　数：450 千字
书　　号：ISBN 978-7-5710-3023-0
审 图 号：GS 京（2024）1380 号
定　　价：98.00 元

耶路撒冷圆顶清真寺的书法纹饰与几何装潢。

吉萨金字塔中的三座：孟卡拉金字塔、哈夫拉金字塔和胡夫金字塔。

巴塞罗那神圣家族教堂的尖顶。

B

罗马的标志——斗兽场（弗拉维安圆形剧场）。

目录

Contents

Pi
修缮后的柏林国会大厦圆顶。

第二章 AFRICA

非洲

Pii
阿尔罕布拉宫。

第三章 ASIA

亚洲

第四章 NORTH AMERICA

北美洲

第五章 CENTRAL AND SOUTH AMERICA

中美洲和南美洲

第六章 Oceania

大洋洲

古根海姆博物馆外墙。

前言 Preface

对于任何想要通过游览建筑奇迹获得穿越时空般的旅行体验的人来说，全球有许多可能的旅行路线。无论是古老的巨石建筑遗迹、中世纪的建筑艺术精品，还是现代和当代的建筑典范，都保存并传承了一种具有普世性、智慧性和创造性的景象。

“我曾凝视过坚不可摧的巴比伦城墙，战车可以沿着城墙奔驰；还有阿尔菲奥斯河北岸的宙斯雕像。我也曾看过巴比伦的空中花园、罗德岛的太阳神巨像、高大的金字塔，以及巨大的摩索拉斯陵墓。但当我看到高耸入云的阿尔忒弥斯神庙时，其他建筑奇迹都黯然失色了，因为这是连太阳神自己都未在奥林匹斯山之外见过的能与自己的殿堂匹敌的建筑。”〔《帕拉丁文集》（*The Palatine Anthology*），IX，58〕公元前2世纪左右，“西顿的安提帕特”的隽语将巴比伦的城墙与空中花园、奥林匹亚的宙斯神像、罗德岛的太阳神巨像、吉萨金字塔、哈利卡纳苏斯的摩索拉斯陵墓，以及以弗所的阿尔忒弥斯神庙并列，形成最初的“古代世界七大建筑奇迹”。到了中世纪，七大奇迹的名单变动不大，但其中的巴比伦城墙被亚历山大灯塔所取代。

“Theamata”（意为“值得观看之物”）和“Thaumata”（意为“非凡之物”）一直吸引着人们的好奇心。公元前5世纪中叶，显赫的巴比伦城和壮观的埃及金字塔给古希腊作家希罗多德留下深刻的印象，他认为它们是东方文明遗存的符号。惊叹和深深的钦佩使他把这些建筑列为奇迹，它们和成文的古典传统中记录下来的其他建筑并称“七大奇迹”，因其无一不体现了平衡、庄严和美。

除了被希腊和拉丁作家单独记载外，在希腊化时代，那些引人惊叹的建筑开始陆续被列入清单和摘要中，在古罗马和中世纪时期，这些清单和摘要被人们所熟知，并进行了不同的修改。在时间这位“伟大的雕塑家”对这些建筑进行了精致而富有诗意的破坏之后，文艺复兴时期的学者们从早期的资料中进行选择和研究，制作了他们自己的精妙古代建筑目录。

世界上没有什么是永恒的，“七大奇迹，在未来的某个世纪，如果人类野心勃勃想要建起更宏伟壮观之物，它们也终将归于尘土”。〔塞内卡，《致波利比乌斯的告慰书》（*Ad Polybium de Consolatione*），I，1〕这些古老的奇迹中，只有金字塔留存至今。从古代到现在，囊括千百年前的建筑和当代建筑的名录的编纂工作一直在进行。这些名录包括在各种历史和文化背景下修建的建筑和留下的遗迹，其概念上的力量足以赋予其象征性的价值。

人类存在于这个认知和组织系统的中心，“不断地思考自己所生活的世界，除了感叹自然界的奇迹之外，还思考其他人在自然景观中创造的作品”。〔彼得·克莱顿和马丁·普莱斯，《世界七大奇迹》（*The Seven Wonders of the World*）〕在人类创造的景观中，从过去留存下来的建筑似乎是不朽的，不论它们的建造模式如今是被同化还是被否定，它们都比现在的同类建筑更有影响力——它们留存时间越长，影响就越深远。

总而言之，改造环境是人的天性与能力。并且，人们可以利用观察力、智力和创造力，搜集资源，满足自己的需要，让现实不断接近自己希望的目标。“在漫长的旧石器时期，人类调整自己适应环境，活动踪迹逐渐遍布全球。从新石器时代开始，人类调整环境满足自己，进行长期和超长期的项目，开始改造地球。”〔莱奥纳尔多·贝内沃洛，B·阿尔布雷克特，《建筑的起源》（*The Origins of Architecture*）〕

这是一个根本性的转变，“毫无疑问，人类历史上最重要的转折点之一是史前社会转向文明时期的那一刻……最早的摇篮……为考古发现所证实的，是在近东：先是埃及，接着是美索不达米亚。今天，人们认为演化是多中心的，研究也应该尽可能多元，避免先入为主的分类。”〔马里奥·利韦拉尼，《乌鲁克：第一个城市》（*Uruk, the First City*）〕

起先，人们在自然环境中创造建筑，在新石器时代末期，建筑的发展出现了连贯、复合和分化的基础，这决定了“建筑遗产的统一性和多样性”（贝内沃洛和阿尔布雷克特）。由于建筑与人类活动密切相关，它通过与外部空间的关系，以及内部容纳的人类活动，唤起了人们无尽的情感。

本书提供了一次建筑奇迹的巡礼，探索了从史前到现代，三个旧大陆（非洲、亚洲和欧洲）和两个新大陆（美洲和大洋洲）的建筑奇迹，发现不同文化背景下的重要时刻。书中那些建筑照片把历史带到我们的眼前，让我们对这些建筑有更直观的感受。

时光流逝，千年过后，我们回到“建筑名录编纂”这一主题，但是这次的名单要扩充数十倍。尽管没有明确的数目，毫无疑问收录的都是令人钦佩的建筑奇迹，它们具有强烈创新性和争议性的建筑形式也令人惊叹。

本书介绍的建筑，既有因永恒内涵而深入人心的历史建筑，也有新近造就的、让我们感到将揭示未来的奇观。书中传递了一种观念——应该克服当前的局限性。人类的作品是为未来而建的，这些作品就是人类理念的实现，它们通过有形符号的某种无形力量体现了人们对生存的追求。

阅读本书的乐趣在于会产生一种旅行的印象。这并不是说我们体验到了一个地方所激发的身

P3 左
泰国玉佛寺佛塔。

P3 右
美国克莱斯勒大厦塔顶。

体或者情感上的感受，或是感受到弥漫在这个地方的氛围，而是书中的照片传递出了真切感。由此，我们可以愉快地“游历”一个我们去过的国家或心仪的地方，捕捉到以前没有察觉的细节；或者我们会享受发现一个新地点的感觉，在未来的某天我们会去实地参观。

本书是若干人的成果。除了撰稿人以外，书中北美洲、大洋洲部分的序言出自一位不愿透露姓名、富有诗意和想象力的人。说到在编写本书的学习和研究过程中所用到的书籍，我必须提及我在罗马美国学院（the American Academy in Rome）进行的广泛研究，尤其是对图书馆的利用。编写这本书要付出努力和承担责任。其间，我常常被研究的快乐所激励，被出版社精益求精、不惜增加投入的诚意所感染，被和我一起工作的人（其时我的身份是考古学家）及身边的人所鼓励。感谢所有人，特别是保罗，谢谢你。

撰文/亚历山德拉 · 卡坡蒂菲罗

第一章

欧洲 EUROPE

通过一系列考古学证据，可以了解欧洲文明发展和成熟的漫长进程。作为欧洲知识结构和文化的基本组成要素，希腊和罗马的历史超越了时空界限，是包括早期和同时代的文明在内的更广泛的文化视野中的一部分。

由于建筑和自然环境的相互作用，使人类建筑——无论是幸存还是在时间和历史事件中湮灭的——其持久性都为我们提供了一种了解过去并更好地理解现在的方式，同时也可以帮助我们规划未来。

英国南部索尔兹伯里平原上的巨石阵是本书的第一个场景。巨石阵中壮观的萨尔森石证明人类有能力建造大规模的建筑，也有能力占领一片土地并将其进行改造。人类新掌握的这种能力在新石器时代发展起来，但巨石阵直到青铜时代才达到现代的形式，那是公元前2千纪，随着欧洲最早的文字雏形在希腊发展成型，欧洲正进入新的历史时期。

两千多年来，希腊人取得的进步影响了西方建筑的发展。希腊建筑的特征在于和自然环境的精心嵌合，以及其象征性、表现力、细腻的视觉效果和建筑技术。这些都是在一个独特的智力创造过程中发展起来的，这一过程深深植根于古希腊各个历史时期的发展。

神庙自然是最重要的建筑类型。神庙狭小的内殿是封闭的，专门为保存供奉的神像而设，因此被定义为“非建筑的典型范例”，“非建筑”即不是为了人类居住而设计的建筑，正如意大利评论家布鲁诺·泽维所言，其强调的是建筑中雕塑的质量。另一方面，对神庙体量和细节的研究与鉴赏不仅仅局限于对风格的区分，其功能上的可辨识性使得希腊神庙和其所处的现实背景建立了一种有意义的空间关系。人类通过自然的秩序与所处的环境相联系，并诠释他们决定建造的各个地方的“特征”。

罗马建筑类型的多样化和创新，再加上新的建筑技术，使得巨大墙体、拱门和拱顶得以建成，从而使建筑内部成为建筑结构最重要的特征。而大规模建设的决策、建筑与城市环境的融合

P5
乔治·蓬皮杜国家艺术文化中心。

以及修建具有纪念意义的标志物，都可视为当时的人关注户外空间的标志，罗马人通过铺设道路网络和建造大型公共设施来实现这些目的。然后，建筑开始包括社会主题，即建筑是为了功能目的和公众利益而建，人们可以在其中生活和互动。

公元313年颁布的《米兰敕令》宣布罗马帝国境内基督教信仰自由，这加强了基督教的传播，使教堂成为社会聚集的主要场所。几个世纪以来，教堂也是欧洲建筑最重要的形式。

早期的基督教堂是礼拜者聚会和祈祷的地方，比起宗教性质，更多的是体现了罗马的神庙在公共层面的性质。这些建筑通过表面和自然光的处理在教堂内部产生了一种“虚无”的效果，增加了场所的精神性。最初的教堂平面图是纵长的、定向的，但随着拜占庭式圆形平面图的出现和早期基督教堂空间的扩张，建筑的内部走向更加动态和多样化。后来拜占庭式建筑在空间形态上逐渐统一，明确为圆形空间和穹顶，其影响遍及整个东欧。

罗马式建筑在一些体量较小的建筑中得到启发，具有强烈的创新性。它发展出复杂的教堂、修道院和城堡，其中结构元件的串联决定了建筑的规模、分布和容量。

高塔作为防卫和超然的象征被广泛用于强调垂直维度，它可以成为主建筑的一部分，也可以

P6 左
锡耶纳大教堂立面。

P6 右
帕特农神庙一角。

独立于主体建筑。尽管各国的高塔有所不同，并在当地的思想流派中演变，但欧洲文化中普遍存在罗马式建筑的时期。

哥特式建筑终结了罗马式建筑的发展道路。从12世纪到15世纪，在法国、英国和德国，建筑通过扶壁和尖拱来加固，通过尖拱产生的推力减轻重力，以十字形和向上的线条界定轮廓，随着高度的增加逐渐变细，尽力在内部和外部之间建立空间的连续性。横向和纵向是根据宽度衡量的（一个中殿一般带有两个或四个侧廊），而整体空间的尺寸与人体尺寸有关。就像“世界的镜子”一般，哥特式主教座堂通过其装潢和装饰，为会众阐释《圣经》和《福音书》上的故事。

如今建筑史学者已经模糊了哥特式建筑和文艺复兴建筑之间的界限。但人们普遍认为文艺复兴时期的建筑代表了人与建筑之间关系的彻底革新，并为“人是其建筑空间的所有者”这一现代观念奠定了基础。倘若将这个空间缩减为一个单一的单元（如一个圆形的空间），虽便于对它进行控制，然而建筑设计的完整性决定了不可能在不影响其质量的情况下对它进行缩减、增添或修改。

15世纪，纯粹与规范之美的观念开始发展；16世纪，这一概念成为古典主义文化的基础。其结果是，在宗教和非宗教建筑中，对称性、可塑性和和谐的比例都越来越有意义。

神圣完美的概念反映在自然和人类领域，促进了文艺复兴时期人对和谐的宇宙秩序的感知，也传达到建筑作品中。流行于文艺复兴时期的“人是宇宙的中心”的观点在智力与道德秩序层面出现危机后，建筑中开始投入更多的情感要素，并最终在极致的巴洛克风格中达到顶峰。

大约18世纪中期，巴洛克最兴盛的时期终结。当时，反对旧的既定秩序的革命浪潮汹涌，建筑（主要是住宅或厂房）的重点从宏伟或宗教信仰转向社会主题。随后工业革命到来，建筑风格上开始回归庄重和专制，加上各类建筑中复兴的折中主义，种种因素最终塑造了现代建筑。

几个世纪以来，人在建筑中所做的各种尝试如今可以都作为“存在主义”的形式——现代人可以自由地行动，在他想要居住的任何地方创造自己的空间。

建筑作为欧洲文化发展的一种表现形式，其重要性被克里斯蒂安·诺伯格-舒尔茨归纳如下：

建筑是一种有形的现象。

它包括风景和定居地、建筑物和发展过程，因而是一个活生生的实体。自远古时代起，建筑就帮助人类存在下去。

通过建筑，人创造出时间和空间的平衡。因此，建筑所涉及的概念超出了实际需求和经济范畴。它应对的是存在的意义，而这些意义来自自然、人类和精神现象。建筑将它们转化为空间形式……建筑必须被理解为有意义的形式。

建筑的历史就是有意义的形式的历史。〔克里斯蒂安·诺伯格-舒尔茨，《西方建筑的意义》（*Meaning in Western Architecture*），1974年〕

The Stonehenge

巨石阵

英国——索尔兹伯里

P8-9

大约在1136年，蒙茅斯的杰弗里第一个试图理解巨石阵的意义。在《不列颠诸王史》（*History of the Kings of Britain*）一书中，他认为巨石具有治疗作用，这是一个由来已久的流行观点。直到8世纪末，一种天文学的解释才被提出，并在今天得到进一步发展——巨石的排列不是纯粹的几何关系，而是与太阳和月亮在冬至和夏至日的升降点相关。

索尔兹伯里平原上的巨石阵是欧洲最著名和最引人注目的巨石遗迹。尽管其规模和占地面积庞大，但其实它只是原始建筑群的一小部分。这个巨大的石环只是一系列不同阶段建造的、具有不同功能的中心环。

公元前3千纪末期，巨石阵地区只有一个直径约91米的土方和堤防，其内部有约50个小坑，推测是火葬仪式后埋葬用的。

公元前3千纪晚期到公元前2千纪早期，该地区建起一个巨石结构，由巨石围成的两个同心圆组成。这些巨石是一种来自约300千米外的蓝色火山岩，被运到这里专门用于石环的建造。然而，现在只剩下一小部分，且很可能这座建筑从来就没能完工。

进入公元前2千纪后，一个由约30块巨石构成的环形结构竖立在之前的巨石圈中，巨石之间有石头楣梁连接。这个环形结构内，又竖立了五组马蹄形的三石塔，中心是一块被称为“祭坛石”的平坦石块。在最后的建筑阶段，使用的砂岩是本地所产，或者来自早期的巨石圈。一条大道穿过土方和堤防，沿途矗立着踵石（巨石

阵入口附近的一块巨石）和牺牲石。

巨石阵永恒的魅力与所其使用的建筑技术之谜有关——人们无法理解那些重逾50吨的石块是如何被运到这么远的地方，又是如何被抬升到如此高度的；也不明白当时建造巨石阵的目的。这些石头的朝向似乎表明了其在宗教仪式中有一部分天文学功能。当太阳在夏至日从踵石上升起，巨石阵会产生一种无与伦比的原始魅力。

The Parthenon

帕特农神庙

希腊——雅典

P10
帕特农神庙是雅典卫城最著名的建筑遗迹，更广泛而言，是古希腊最著名的建筑。余晖更加衬托出它的力量。

P11
帕特农神庙还保持着最初的辉煌。它是一座巨大的多立克围柱式神庙，长70米，宽30米，通过古代的美学规范呈现出一种和谐之美。

帕特农神庙是雅典卫城最著名的建筑遗迹，供奉着雅典娜女神。雅典文明的辉煌、雅典娜的传说、雅典的民主制度和教化蛮族的功绩，都在它的装饰中得以体现。

神庙由伯里克利下令修建，始建于公元前447年，竣工于公元前432年。建筑师伊克提诺斯和卡利克拉特负责神庙的修建工作，雕塑家菲迪亚斯主持建筑和装饰工作。该建筑是一座巨大的多立克风格围柱式神庙，完全由彭特利库斯大理石（一种产自希腊彭特利库斯山的优质大理石）建成。这座矩形建筑的短边有8根立柱，长边有17根。柱廊之内是内殿所在，分为神殿和后殿两个空间。神殿中曾经摆放着菲迪亚斯用黄金和象牙雕刻的雅典娜雕像，如今仅存少量的复制品。雕像彼时就位于神殿中的廊道内，廊道两边各有9根立柱，另有3根立柱沿后墙而立。后殿有两排立柱，每排两根，立柱的尺寸与神庙立面上的立柱相仿，但神殿中的立柱稍小一些。神殿和

后殿前面都是带有六根廊柱的门廊，还有带装饰的木质屋顶。

神庙的装饰包括楣梁上的排档间饰、山形墙上的雕塑和内殿墙上的横饰带。神庙西侧的排档间饰描绘了亚马孙之战（雅典人袭击亚马孙人）的场景；南侧是半人马之战（拉皮斯人和半人马的战斗）；东侧是巨人之战（奥林匹斯诸神和泰坦巨人的战斗）；北侧则是希腊人和特洛伊人之战。通过在神话中的诸神之战中表现自己，希腊人表明他们已经开启了一个全新的时代。帕特农神庙西侧山形墙上的整幅浮雕描绘了波塞冬和雅典娜的冲突；东侧则是雅典娜从宙斯头部诞生的过程。菲迪亚斯创作的著名的横饰带沿着内殿墙的四面延伸，展示了一个漫长的仪式流程，最后终止于神庙东侧的众神面前。艺术史学家对横饰带的诠释大相径庭：它可能代表第一次泛雅典娜女神节的仪式过程，抑或是表明了神庙落成的仪式过程。

帕特农神庙于公元前295年马其顿国王德米特里一世围攻雅典卫城时首次遭到破坏。在6世纪，这座神庙被改造成一座基督教堂，东侧的装饰物被破坏并建成了拱顶和钟楼。1460年，随着奥斯曼土耳其征服希腊，这座教堂被改为清真寺，钟楼也被改建为宣礼塔。在希腊摆脱奥斯曼

P12-13
帕特农神庙西侧仍保留着菲迪亚斯的部分装饰性雕刻。最初的山形墙描绘了波塞冬和雅典娜争夺阿提卡（古希腊历史区域，包括雅典）的所有权的战斗。

P12 下
镶嵌在帕特农神庙东侧山形墙中的横饰带几乎全部丢失。它们描绘的是雅典娜在众神的见证下从宙斯的头部诞生的过程。

P13 上左
在东侧山形墙上的这个马头属于月亮女神的四马双轮战车，它出现在雅典娜出生的场景里。

P13 下左
在幸存至今且保存完好的大理石中，有一个是阿提卡的一条河流的化身——伊利索斯（或称基菲索斯），它装饰着西面的山形墙。

土耳其统治的独立战争中，这座神庙成了要塞堡垒，随后又变成军火库。1687年，神庙被威尼斯人的炮火轰炸了两天，14根立柱被毁，内殿墙壁以及南北两面的许多排档间饰和部分横饰带遭到破坏。1802—1804年，英国贵族埃尔金伯爵用33艘船将神庙的雕像和横饰带石板运到了伦敦，他的这种行为得到了当时奥斯曼土耳其政府的允许，由此开始了一场关于这些文物法律所有权的纠纷，并持续至今。1834年，这片雅典卫城上的古代遗迹摆脱了围绕着它们的现代建筑，随着1930年的修复工作，倒塌的石柱被重新竖立起来。

P13 上右
复原图纸展示了帕特农神庙西侧山形墙的原貌。图的上部描绘了众神和阿提卡的象征人物。而多立克式横饰带中包含14块排档间饰，描绘了亚马孙之战的场景。

P13 中
帕特农神庙东侧的山形墙上的装饰描绘了雅典娜的出生过程。横饰带上的14块多立克式排档间饰表述的中心主题是巨人和众神之战。

P13 下右
女神赫斯提亚、狄俄涅、阿佛洛狄忒的雕像是菲迪亚斯雕刻艺术的杰出范例，装饰着东侧的山形墙。

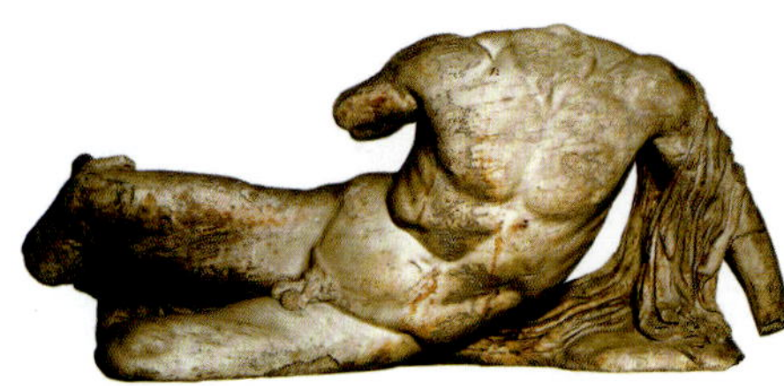

The Pantheon

万神殿

意大利——罗马

P14
万神殿的立面有一个纵深的门廊和一个冠有山形墙的柱廊。

P15
从照片可以看出，内殿的基本圆柱形结构至圆形穹顶结束。

万神殿建于罗马帝国第14位皇帝哈德良在位时期。当时，殿外楣梁的横饰带上附着一段铭文，这一铭文原本属于马库斯·维普萨尼乌斯·阿格里帕于公元前27年至公元前25年建造的神庙。阿格里帕是奥古斯都时期罗马城市和建筑重建方面的领军人物，他负责设计并实现了战神广场中心的重大改造工程。第二条铭文位于第一条之下，记录了公元202年罗马皇帝塞普蒂米乌斯·塞维鲁和他的儿子卡拉卡拉下令对万神殿进行修复工作。

“万神殿”是历史学家卡西乌斯·狄奥留给我们的名字。狄奥认为它的字面意思是“奉献给诸神”，又或者是由于建造的穹顶与天穹相似得名。但也有可能阿格里帕建造这里是为了供奉战神马尔斯的，万神殿只是常用的名字，而哈德良保留了它。哈德良把这栋建筑变成了帝国的大

厅，在这里他可以和参议员们商议朝政。

最早的神殿呈长方形，坐北朝南，由混凝土建成。在公元80年的大火之后由罗马帝国第11任皇帝图密善重修；第13任皇帝图拉真在位时神殿又毁于第二场大火，之后再次进行了全面重建。公元125年，哈德良重建时从根本上改变了早期的建筑结构：立面转了180度改为朝北，圆形大殿建在最初的神庙前面的空地上。

万神殿的独特之处在于其朝向广场的嵌入式柱廊，以及高耸独立、遥遥可见的鼓状穹顶。但其现在的样貌与哈德良时代的完全不同，过去它圆形的建筑主体曾经被其他建筑环绕，耸立在台阶上的宏伟立面的前方曾是一个三面都有柱廊的长条形广场。著名的圆形大厅被拱廊遮挡，从外面是看不见的，从内部欣赏会更好。圆形大厅是一个直径约44米的巨大的独立圆形空间，顶部冠以半圆的穹顶。

门廊正面外侧的8根立柱均由整块的灰色花岗岩组成，置于白色大理石的底座上，上面冠以科林斯式柱头。内侧的立柱由粉色花岗岩切割而成，形成了三个通道：通向万神殿大门的中央通道比两侧的通道更宽，两侧通道的巨大壁龛中曾经摆放着奥古斯都和阿格里帕的雕像。这个巨型门廊通过砖砌前厅和圆形大厅相连，前厅内铺设着大理石。它的青铜大门很古老，经过了大幅修缮，可能已不是最初的大门了。

万神殿的内表面在曲线、长方形和圆形的壁龛中创造出光与影的变化。此外，围绕着穹顶圆孔的同心藻井也可以帮助光线透过圆孔进入建筑。

为了减轻负荷，圆形大厅（高约22米，厚约6米）的墙壁具有特殊的建筑设计，且随着高度的增加，使用的材料越来越轻，直至穹顶圆孔周围，使用的是小块火山岩。巨大的拱形构造支撑着整个结构，并通过放射状扶壁加固。这些扶壁将重量分散到8个巨大但部分中空的支柱上，这些支柱间用砖石结构组成了8个巨大的凹室（包括主入口和7个壁龛）。半圆形或矩形的壁龛与8个石柱砌成的小亭交替出现，每个亭子都有3个小壁龛，小壁龛位于两根带凹槽的蓝色或黄色科林斯式立柱后方。

大部分的地板都是原来的，由多种颜色的大理石等石材制成，按照正方形的对角线和正方形内切圆来排列。完美的半球形穹顶直径约43米，是一整块单独的结构，这是有史以来用砖石建造的最大的穹顶。穹顶的内侧面是五级渐进式的同心藻井（每级28个凹格），藻井上方接光滑的圆环，圆环最终延伸至穹顶中心直径约为9米圆孔。穹顶的外侧面有七层环状台阶装饰，但从地面只能看到最高的部分。万神殿的建筑比例堪称典范，穹顶到地面的高度和穹顶的直径相同，遵循着阿基米德的对称性原理。

万神殿历经数次洗劫、改造和修缮，完好保存至今，部分原因是拜占庭皇帝佛卡斯于公元609年把它赠送给教皇卜尼法斯八世，教皇将其改造为教堂，并命名为圣母玛利亚与诸殉道者教堂。

The Colosseum

斗兽场

意大利——罗马

罗马皇帝韦斯巴芗（公元69—79年在位）下令建造了现在被称为“斗兽场”的圆形剧场，他的儿子提图斯于公元80年见证了工程完工。斗兽场所在地曾是尼禄为他的别墅“金宫”而建的人工湖。金宫位于奥庇乌斯山和西莲山之间的威利亚山的山顶。圆形剧场的存在改变了该地区的地形。修建圆形剧场部分原因是出于政治考量，目的是将非法挪用的土地还给公众。

“斗兽场”一名始于8世纪，源于圆形剧场靠近矗立在金宫中心的一个尼禄巨像（意大利语中的“斗兽场”意为“巨大”）。尼禄死后，他被判处“除忆诅咒”（消除他们在世时的一切功绩，仿佛他们不曾存在过），哈德良便把这座雕像改成了太阳神赫利俄斯。斗兽场是为角斗士格斗和斗兽而设立的。尽管角斗士格斗在罗马帝国非常流行，但皇帝霍诺留还是于公元402年废除了这些比赛。

斗兽场由四层洞石修筑的环形拱廊组成，通

P18 上
从帕拉蒂诺山丘望去，斗兽场出现在环绕维纳斯和罗马神庙的双柱廊的灰色花岗岩柱子之间。

P18 下
从斗兽场内部的轴测法复原图上，我们可以看到地下一层和地上四层的梯形座位，它们与观众席的五个区域对应。

P19上和P19下
圆形剧场的地下房间在1938—1939年被完全发掘。三个同心圆走廊围绕着三条完全对称的走廊，这些走廊平行于中央通道，它们向外延伸通向角斗士的营房。

体高约48米。前三层是具有立柱装饰的半圆形拱廊：第一层是塔斯干柱，第二层是爱奥尼柱，第三层是科林斯柱。第四层由科林斯壁柱分开，壁柱之间支撑着巨大的帆布顶棚，保护观众免遭日晒。圆形剧场的4个入口沿着椭圆形的轴线而建，主入口建在北侧。四层拱廊对应着观众席的不同区域，座次按照社会阶层来划定，内部通道可使观众迅速到达或离开相应层级的座位。最靠近表演区的大理石座位是留给参议员的；接下来的14排砖石砌成的座位供贵族使用，以此类推，直到最上面一排木制的座位，是为社会底层的女性而设。台阶上的题款至今可辨，参议员的位置上刻着每个人的名字，其余的座位则被赋予相关社会阶层的通用名称。斗兽场的地下通道仅供服务人员使用。

斗兽场的第一次修缮工作发生在公元217年的大火之后。之后又相继在公元250年和公元320年遭遇几场大火，在公元484年还遭遇了一次地震。从6世纪开始，这座建筑被用于葬礼，然后从6世纪末之后就住进了居民。这一建筑在整个中世纪都在被持续使用，并在1200年

P20
斗兽场位于帕拉蒂诺、埃斯奎里和西莲山丘之间的山谷中，这里最初是一个巨大的人工湖——尼禄湖。

P20-21
斗兽场于公元80年建成，但直到8世纪它才被称为“斗兽场”（Colosseum）。这个名字可能源于该地区一座巨大的尼禄皇帝雕像，它被称为“Colossus”，意思是“巨大”。

建成了弗兰吉帕内塔，至今还可以在东北区域看到塔的遗迹。到了15世纪，人们开始有计划地掠夺斗兽场的洞石用以修建或修缮其他建筑，尤其是教皇。这种掠夺行为一直持续到1675年教皇禧年，此后斗兽场被视为圣地，并沿着苦路（耶稣背上十字架，前往刑场游街示众的路途）修建起了15座神龛。1807年，建筑师罗伯特·斯特恩用砖石建造了一个三角形的扶壁，用以支撑有毁坏迹象的外墙的东南角。1827年，朱赛佩·瓦拉迪耶采用了一个类似的修缮方案去保护斗兽场。

St. Mark's Basilica

圣马可大教堂

意大利——威尼斯

P22 左
福音传道者圣马可的象征位于教堂主拱廊的三角形山墙上，这只脚踏福音书的金色狮子后来成为威尼斯共和国的象征。圣马可的雕像立于尖顶之上。

P22 中
顶部的装饰包括了几个圣徒的雕像。富丽堂皇的装饰反映了教堂在威尼斯社会和文化生活中的重要性。

P22 右
教堂立面左端的弦月窗上的金底马赛克图案描绘的是耶稣被解下十字架的图景；左边的神龛中有一个跪着的圣徒，是哥特式时期重修时修建的。

P23 上
圣马可大教堂的立面反映出几个世纪以来不同文化来源对它的影响。建筑顶部有半球形的穹顶，并冠以球状的采光塔，这是明显的伊斯兰文化特征。同样受到法蒂玛王朝（埃及伊斯兰国家）风格影响的还包括六个山墙上方的墙面，其向内凹陷的拱顶冠于教堂立面上层。交替出现的尖顶和圣徒雕像则是哥特式风格。

P23 下
从长方形教堂的俯瞰图可以明确地感受到穹顶高度和宽度之间的比例，它遵循的是拜占庭规范。

据《圣马可生平》记载，福音传道者圣马可乘船从阿奎莱亚前往罗马，途中在威尼斯的里亚托下船时看到异象：一位大天使告诉他，他将被埋葬在这个地方。公元828年，当两位商人把圣马可的遗体从埃及的亚历山大港带到威尼斯时，总督朱斯蒂尼亚诺·帕提奇奥下令为其建造一座教堂。教堂于公元832年完工，但是在公元976年反抗总督彼得罗·坎迪亚诺四世的叛乱中遭到

严重破坏。在总督多梅尼科·孔塔里尼领导的重建工作中，圣马可的骨灰遗失了，但在1094年被总督维塔莱·法里厄找到。

这座长方形教堂的立面分两层，有五个拱门。下层不同材质的立柱与浅浮雕交替出现：一些材料来自拉韦纳的罗马古迹，其余则是1204年第四次十字军东征后从君士坦丁堡带来的。教堂左起第一道拱门（圣阿里皮乌斯门）顶上是建筑物最早的马赛克图案，即1260年完成的描绘圣马可将耶稣从十字架上解下的图。马赛克图案上方的14世纪弦月窗上包含了代表四位福音传道者代表场景的浅浮雕。

P24-25
五个穹顶上的马赛克图案非常复杂。大体而言，中殿上的三个穹顶代表了基督崇拜的神圣场景：耶稣升天、圣灵降临和弥赛亚再临，在巨大的拱券上还有福音书的片段。北耳堂供奉着圣约翰，拱券描绘的是圣母的生平，南耳堂的穹顶有圣徒的形象，拱券上描绘的是圣马可的生平。

P24 下
从南侧看教堂门廊。前厅有几个镶满马赛克图案的穹顶。图案中的故事取材于《旧约》。

P25 上
在中殿后面可以看见主祭坛。依照拜占庭皇家仪式，总督的私人入口和宝座位于右耳堂中，紧邻公爵宫。

P25 下左
从左边的侧廊可以看到画有圣灵降临日的穹顶。其内部铺满带有金底的马赛克图案。被摇曳的火焰照耀着的十二使徒画像，和12世纪上半叶的拜占庭手稿风格相似。

P25 下右
教堂中殿的穹顶上描绘的是《创世记》的故事。叙述的情景受到古代晚期的手抄本的启发，这本手抄本当时被认为是与十二使徒同一时代的。

教堂第二道门顶上的马赛克图案取自塞巴斯蒂亚诺·里奇的一幅草图，图中圣马可的遗体正在接受礼拜。教堂中央最大的门上镶嵌着《启示录》的马赛克图案，其拱背上装饰着立柱，其中八根为红色的斑岩材质。拜占庭式的青铜大门可追溯到6世纪，第四和第五道大门上有两幅莱奥波尔多·达尔·波佐创作的马赛克作品，也是取自塞巴斯蒂亚诺·里奇的草图，描绘了维纳斯接受圣徒的遗体，并从亚历山大港运走的情景。

教堂立面上方是一个巨大的中央玻璃窗，周围镶嵌着马赛克图案；窗前环绕着四匹著名的来自君士坦丁堡的青铜马雕像，在1980年由复制品替代。一些哥特式雕塑让教堂的立面更加完整，包括象征圣马可的金狮像和南角摆放的一组4世纪的斑岩作品——名为“四帝共治”的雕塑群，表现了罗马皇帝戴克里先和他的三位共同统治者。

教堂前的五道大门都通向前廊，前廊沿着教堂长边延伸。前廊的顶部冠有六个小穹顶，廊中是教堂原始的立柱，立柱上点缀着大理石和马赛克图案，描绘的是《旧约》的内容。教堂正殿、侧廊及其交会处的上方矗立着五个巨大的穹顶。

教堂内部装饰最显著的特点是其拱顶和穹顶镶嵌的马赛克图案。这些华丽的马赛克图案间隔出现，改变了个体对室内空间的感知，加上闪亮的金色地面让参观者眼花缭乱。

教堂中最早的马赛克图案位于最大的拱顶上，是唯一可以追溯到总督多梅尼科 · 孔塔里尼时代的马赛克图案；而距今最近的马赛克图案（13世纪上半叶）是位于中央穹顶的基督升天图，但它们的风格都受到拜占庭文化的影响——威尼斯是拜占庭文化在西方最活跃的中心。

丰富的建筑材料、华丽的艺术作品和多样的装饰共同象征着威尼斯共和国的权威，以及贵族统治阶级的优雅文化。

P26
光线透过南耳堂的玫瑰窗，在镀金马赛克砖上发生折射，产生强烈的反光。这种超现实的氛围可能是为了鼓励祈祷者。

P26-27
保存圣马可遗体的祭坛被两组装饰着精美彩色大理石的读经台和一排大理石圣幛与中殿分隔开。

P27 下左
洗礼堂位于中殿的南部。中心的圣洗池是雅各布 · 圣索维诺在1545年雕刻的，靠墙壁一边围绕着它的是几个总督的墓。墙壁和拱顶完全被14世纪的马赛克图案覆盖，地板上则铺满了彩色大理石镶嵌的精致几何图案。

P27 下右
圣马可大教堂的平面图来自安东尼奥 · 维森蒂尼绘制的插图，它展示了覆盖整个地面的马赛克和彩色大理石镶嵌画的情况。

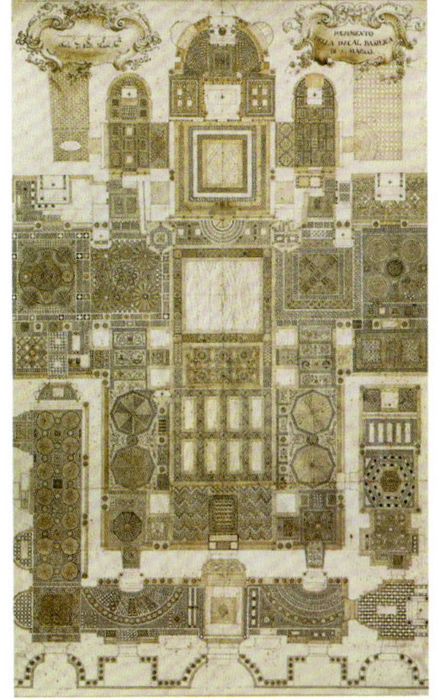

The Leaning Tower

比萨斜塔

意大利——比萨

1173年，博南诺·皮萨诺开始建造比萨塔，这是奇迹广场上的建筑杰作之一，此外还有比萨大教堂、洗礼堂和墓园。但是工程在1178年就停滞了，因为彼时这座建在冲积土层上的塔已经开始显现出倾斜的迹象。皮萨诺建造的前三层向北倾斜了0.5度，内室的水平面没有建在中心轴线上。大约一个世纪之后，工程在乔瓦尼·迪·西蒙纳的领导下重新开工，他在1272—1278年又往上建造了三层。从第三层建到第六层的倾斜度发生了变化，这次向南倾斜了0.5度。

后来，因比萨政治动荡而引发的战争进一步拖延了工程的进度。在14世纪初，比萨塔仍然缺少用来放置撞钟的顶层部分。这部分最终由托马索·皮萨诺在1360—1370年完成，他是第三位也是最后一位参与比萨塔建设的建筑师。比萨塔的修建尊重原先的圆柱体设计，包括六层的廊柱和钟楼，但是自从钟楼开始使用，比萨塔的倾斜度又大幅增加。因此，在1838年，建筑师亚历山德罗·德拉·盖拉尔代斯卡在底部开凿了一条步道，用以检查地基和廊柱的坚固程度，但此举让水

P28
从主教座堂的右耳堂看，比萨塔的倾斜度非常明显。倾斜是由地下水位的沉降引起的。

P29上和P29下
奇迹广场上建筑的位置反映出中世纪的信仰。它们代表了一种象征性的路线——引领人们走向教会组织，然后去往天堂。

进一步渗入地面，从而使情况更加恶化。有研究显示，如果这座塔再修建高一点，它就会立即倒塌。19世纪，在挖掘地基的过程中，人们发现了博南诺·皮萨诺石棺的残骸。他被埋葬在比萨塔下，这个塔被认为是他的墓碑。

The Kremlin

克里姆林宫

俄罗斯——莫斯科

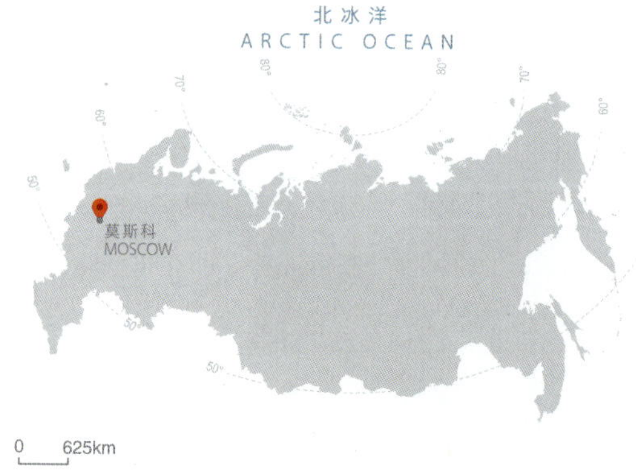

P30
大克里姆林宫几十年里一直是苏联的政治生活中心。巍峨而优雅的主立面俯瞰着流经俄罗斯首都的莫斯科河。

P31 上
如今从防御塔和围墙可以眺望克里姆林宫的整个防御工事，其始建于15世纪初。

P31 下
图中我们可以看到伊凡大帝钟楼和天使长主教座堂，它们都是由意大利建筑师阿尔维塞·诺沃16世纪早期设计的。

自建成以来，克里姆林宫（俄语原意为“堡垒”）就一直是莫斯科的政治和行政中心。这座城堡的墙壁总长约2235米，在伊凡三世在位时重修，修建了20座塔楼来代替原来的建筑。这项工作由专门从事防御工程的意大利建筑师在1486到1516年间完成，意大利式的雉堞（有锯齿状垛墙的城墙）就是他们工作的证明。

克里姆林宫最著名的塔是救世主塔（又名“斯巴斯克塔”，初由瓦西里·叶尔莫林建造），它建于1466年，在1491年由彼得罗·索拉里重建，其装饰极具想象力。城堡南角的贝克利密雪夫塔由米兰的建筑师马尔科·弗莱金设计，他是索拉里的合作伙伴之一。1490—1493年，索拉

里又建造了布洛维兹基塔、君士坦丁和海伦塔、尼克罗斯基塔和军火库塔等。1487年，索拉里和弗莱金再次携手合作，开始建造多棱宫（宴会宫），此后所有正式典礼都在这里举行。

1470年，大教堂的重修工作开始，莫斯科大公国的建筑师应召前来，但是他们太不专业，导致建筑的一面墙倒塌。意大利建筑师再次受邀主持工程，这次是阿里斯托泰莱·菲奥拉万蒂，他

P32-33
圣母领报主教座堂正对着教堂广场，从这里可以看到后面的大克里姆林宫。

P32 下左
救世主塔是克里姆林宫的象征之一，更广泛地说，是莫斯科的象征之一。塔上的时钟和铜钟可以追溯到1625年。

P32 下中
圣三一塔是克里姆林宫最繁忙的入口之一。以这座塔为代表的防御工程主要由意大利工程师于15世纪末到16世纪初设计建成。意大利建造者在克里姆林宫留下了永久的印迹，他们用地中海地区典型的富有想象力的装饰来减轻建筑的严峻感。新式风格的大师之一是来自米兰的索拉里，他建造并重建了克里姆林宫七座著名的塔楼。

P32 下右
圣母领报主教座堂的金色穹顶在莫斯科明媚的阳光下熠熠发光。这座大教座堂建于1484—1489年，是沙皇的私人教堂。

P33 上
天使长主教座堂建造时，建筑师将文艺复兴时期的元素和俄罗斯传统的五个穹顶的建筑模式融合在一起。

P33 下左
伊凡大帝钟楼自1600年建成以来一直是沙皇莫斯科的象征之一。

P33 下右
圣母升天主教座堂几个世纪以来都是沙皇俄国君主加冕的地方，直到最后一位沙皇尼古拉二世。

于1475年到达莫斯科。菲奥拉万蒂使用了俄罗斯－拜占庭风格的图样——如一个巨大的中央穹顶被四个小穹顶围绕，同时还进行了重要的创新：他在拱顶上安装了金属固定钩，并在拱顶和穹顶之间铺设了石板。同一时期，克里姆林宫中还建造了一些莫斯科传统风格的小教堂，如圣母法衣存放教堂和圣母领报主教座堂。天使长主教座堂修建于1505—1508年，随着它的完工，克里姆林宫的意大利时期结束。教堂外部有一系列飞檐、立柱和拱门，令人联想到威尼斯风格装饰。

伊凡三世统治时期的最后的工程是伊凡大帝钟楼和天使长主教座堂，两座建筑都是在1505—1508年完成的。建筑师博恩·弗莱金建造了高约60米的二层钟楼，这座钟楼在克里姆林宫内部的大火和1812年法国人对这座城市的轰炸中幸存下来，其非凡的坚固性可见一斑。1598年，鲍里斯·戈杜诺夫把钟楼的高度增加了约21米，为了适应高度的增加，他在砖石结构中插入铁柱并加固了钟楼底部的墙壁。

P34 上
在庄严的天使长主教座堂内部，分隔各房间的墙壁和立柱上装饰着壁画和肖像。

P34 下左
一个巨大的入口通向多棱宫二楼的沙龙。这栋建筑是拜占庭风格的俄罗斯装饰学派的实例。

P34 下右
一个具有代表性的瓷砖装饰的炉子给多棱宫供暖。图中的这个炉子位于大厅的一角。

17世纪克里姆林宫最重要的扩建是由牧首尼孔修建的十二使徒教堂。该教堂是牧首宫必不可少的一部分，最初是献给使徒菲利普的，以纪念反对伊凡四世及其恐怖统治的同名殉教者。建筑的类型参照了弗拉基米尔教堂的样式，旨在令这片圣地的建筑回归古代的纯粹。在叶卡捷琳娜二世统治时期，马特维·卡扎科夫建造了一座新古典主义风格的参议院。宫殿呈长方形，拥有巨大的穹顶，高等地方法院曾在里面开会。1839—1849年建成的大克里姆林宫兼容了哥特式和新古典主义风格；而之前的建筑在拿破仑·波拿巴占领期间遭到了严重的破坏。距今更近的议会宫是苏联时期的产物，1961年完工，完全用大理石修建。

P34-35
特雷姆宫的内部装饰反映了“特雷姆”一词的原始意义（Terem，意为“私人房间”）。它是温馨而舒适的，不像公共的、过于隆重的宅邸。

P35 下
特雷姆宫御座大厅的红色织物上有许多花卉的装饰。在当地传统中红色象征权力。

多棱宫中的沙龙是由建筑师鲁福和索拉里在1487至1491年间设计和建造的。绘画由西蒙·乌沙科夫于1668年绘成。

The Cathedral of Notre Dame

沙特尔主教座堂

法国——沙特尔

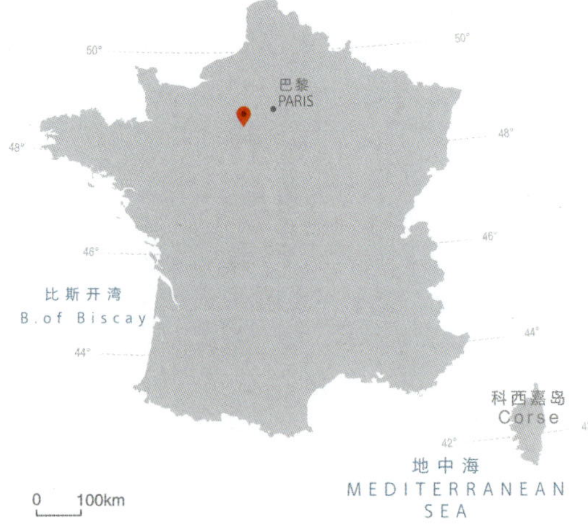

P38
后殿外部的飞扶壁上，一系列半圆拱中间是有序的小圆拱。

P39 上
沙特尔主教座堂是法国哥特式建筑的杰作，坐落在一片神树林的原址上，这里有一眼神奇的泉水，在古罗马高卢时代受到本地凯尔特人的崇拜。

P39 下左
教堂立面顶部的国王画廊之上是一个三叶形的神龛，里面是圣母玛利亚和圣婴的雕像，两边各有一个小天使。

P39 下中
教堂北侧一系列哥特式的小拱门里是一列神情姿态各异的人物雕像。

P39 下右
两个形制各异的钟楼矗立在沙特尔主教座堂的两侧。较高的是华丽的哥特式风格，另一个是罗马式风格。

沙特尔主教座堂被称作法兰西的卫城。最初的教堂建于4世纪，是应首任主教阿德旺图斯的要求建造的，但后来在一场大火中被毁。随后，在同一基址上又相继建了五座教堂，但均被大火烧毁。第五座教堂于1194年被毁后，主教勒尼奥·德·穆孔决定建造一座新式的教堂。

在1194—1225年，第六座也是最后一座教堂在短时期内建成，它是纯粹的法国哥特式风格，罕见地保持了风格统一。教堂有两个侧廊、一个宽敞的耳堂和一个深邃的圣所，周围环绕的双重回廊上有放射状排列的小礼拜堂。中殿、耳堂和圣所的门拱上方是国王画廊，上面还有巨大的花窗玻璃。这些花窗玻璃是整个建筑最有价值

P40-41
大门装饰的象征意义明显：各种雕像代表了基督教教义和教会建立的“柱石”。上部连续的条状拱顶表现的是耶稣和圣母的生活。

P40 下
1090—1116年，时任沙特尔主教伊夫决定了西侧立面（王者之门）三层拱廊的装饰。山墙饰内三角面上雕刻的是神的显现：审判日的耶稣、耶稣降生、耶稣对牧羊人的启示、圣灵降临节以及耶稣出现在使徒面前。

P41 上左
教堂北面的拱廊装饰着《圣经》人物，即耶稣的先驱。其中一个是施洗者圣约翰，可以从他粗劣的骆驼皮外衣（如传说中的沙漠隐士一般）以及个性鲜明的特征（抱在臂弯中的羔羊）辨认出来。

P41上右和下
雕刻在柱子上的人物装饰着教堂主立面的三座拱门。最初的24座雕像仅有19座保存下来。一些雕像头戴冠冕，可能是圣徒或教堂的捐助者。

的特征，其完成于12、13世纪，共有176扇，描绘的是《圣经》和《圣徒传》中的情景。

就像在巴黎和布尔日的大教堂一样，在沙特尔主教座堂，本地的石匠也重新利用了前一座教堂的钟楼，东侧立面的情况也是同样。当时建筑师兼修缮专家维奥莱－勒－杜克决定拆除这一立面，并更改中殿、通道和巨大的双后殿唱诗楼之间的比例。教堂的西侧立面是最为优雅繁复的。它的三门入口建于1134—1150年，整个立面排列着装饰和雕像，是最受人喜爱的早期哥特式典范之一。这个由三座巨大的拱门组成的入口被称作“王者之门”（King's Portal），建于1145—1455年，装饰有细长的人物雕像立

P42 上
教堂立柱一直延伸到中殿和耳堂的屋顶。其拱顶由弧形圆拱交叉组成，这些弧形圆拱增加了建筑的垂直推力。

P42下左和下右
沙特尔主教座堂的内部分为三层：最下面是拱廊和立柱，伸展到立柱顶板的高度；中部是一列小的拱廊；最上面的高窗是成排的花窗。

P42-43
唱诗楼有一道石质围墙，上面雕刻着耶稣和圣母的生活场景。南侧立面隐藏着通向巨钟机械装置的台阶，就位于巨钟和圣伊丽莎白问候圣母的场景之间。巨钟的外形保存了下来，但是里面的机械已经损坏了。

P43 下
耶稣受洗的场景出现在唱诗楼的一面墙上。施洗者圣约翰站在约旦河岸，把水浇在位于左侧的耶稣头上，站在河水中的耶稣显得矮一些。这幅雕刻出自尼古拉斯·吉贝尔之手（雕刻时间约为1543年）。

柱，讲述了救世主耶稣的故事。三座大门上面对应着三扇窗户，再往上是13世纪的玫瑰窗，玫瑰窗之上则冠以国王画廊，两边是两座规模形制迥异的钟楼。面对双塔看去，左侧的“新钟楼”建于1134年，1506年在上面增加了一个花形尖塔；右侧的“旧钟楼”建于1145年，只有一个简单的尖塔。南侧入口前有一组三拱门门廊和阶梯，它的装饰可以追溯到1220年。对面的入口，也就是北侧入口也是一个新增的入口，它是飞扶壁完成后才修建

的，但建造时需要拆除部分飞扶壁，因而对耳堂的稳固性产生了威胁。为了弥补这一点，人们通过金属钩将拱廊和教堂的其他部分固定在一起。

教堂外部最为壮观的特色是宏伟的飞扶壁，每个飞扶壁都由两个叠加的拱券构成。下面的拱券呈弧形，上面的拱券由四个小拱券组成。不幸的是，这一系列飞扶壁的和谐被1416年修建的一座华丽的礼拜堂破坏了，1872年又对这座礼拜堂进行了大规模整修，最终呈现为如今的模样。

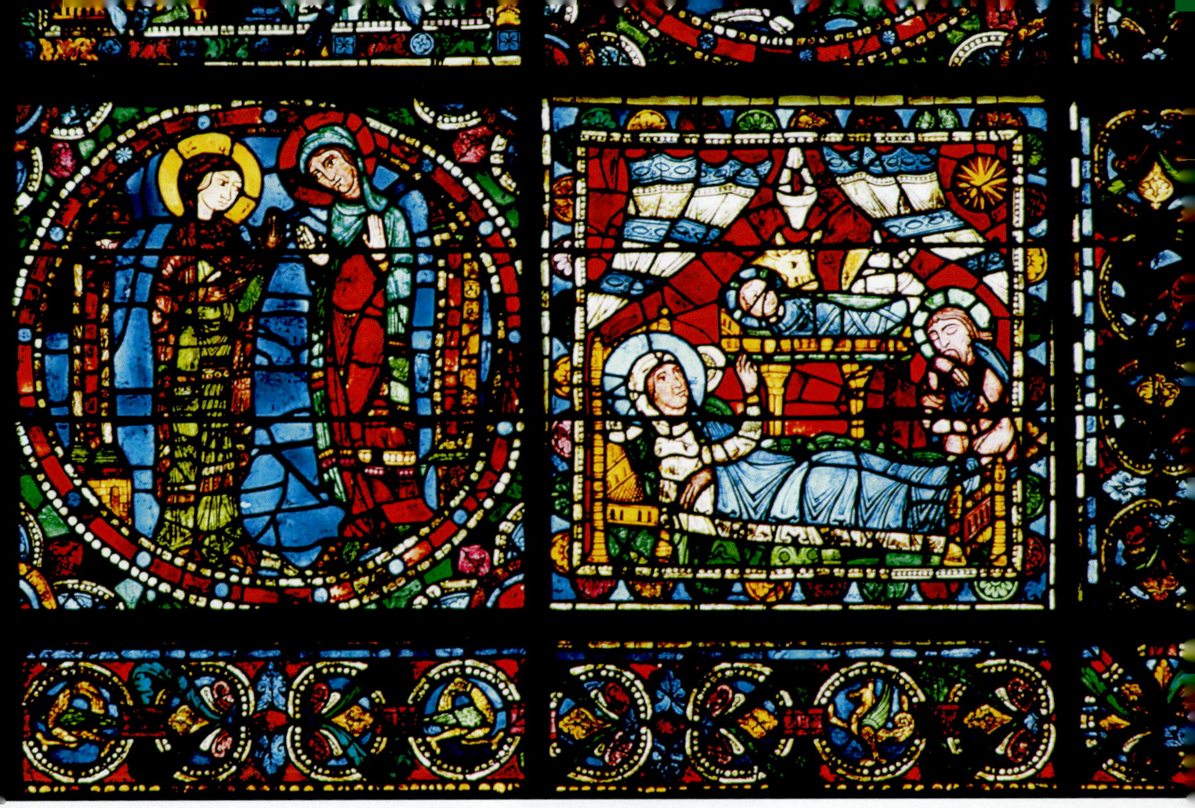

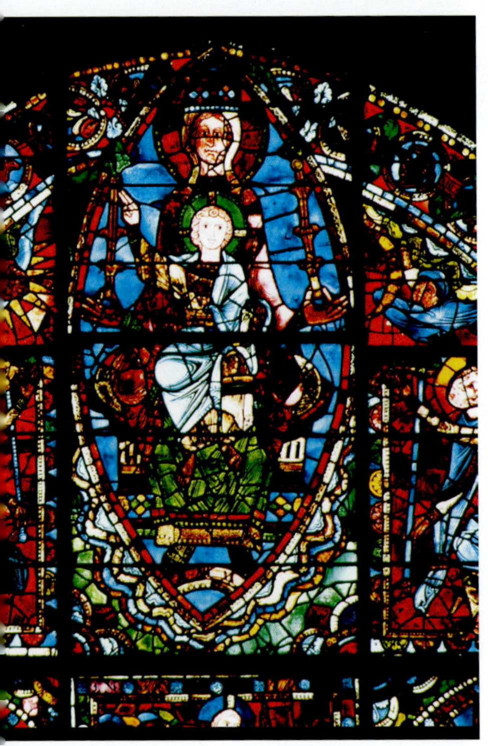

P44上、下左和下右

圣母探视耶稣、耶稣降生、坐在宝座上的圣母与圣婴以及耶稣被钉十字架等场景都出现在王者之门上方的窗子上。

P45 上

北边耳堂的玫瑰窗被誉为“法兰西玫瑰”，它为颂扬圣母而建，由路易九世和其母亲“卡斯蒂利亚的布朗歇”委托建造。装饰的主题是两个王室的象征——蓝底镀金的法兰西百合和卡斯蒂利亚城堡。在中间的圆形画上，坐在宝座上的圣母玛利亚与圣子一起登基。在五扇高窗上，居中的是圣安娜怀抱圣母，两侧是《圣经》人物。

P45 下

中殿南侧的这一细节表现的是亚当夏娃被逐出伊甸园的情景。这扇窗子还描绘了“好撒玛利亚人”的故事，是13世纪时由鞋匠捐资修建的。

The Duomo

锡耶纳大教堂

意大利——锡耶纳

锡耶纳大教堂始建于1229年，于14世纪末期竣工，是意大利哥特式建筑的辉煌典范。1258—1285年，工程在圣加尔加诺熙笃会的修士尼古拉·皮萨诺和乔瓦尼·皮萨诺的指导下进行。这对父子负责豪华的白、红、黑三色大理石立面，最终于14世纪末期竣工。今天我们看到的雕像大多是复制品，即便如此，它们也已历经了大规模重修。尖塔上的马赛克图案是现代作品，由威尼斯人穆西尼和弗兰基设计完成。

14世纪初期，随着政治地位的日渐提高，锡耶纳城决定建造一座巨大的、富丽堂皇的大教堂，但建筑大师洛伦佐·马伊塔尼发现1317—1321年完成的建筑中存在一些缺陷，

P46
教堂的立面由白、红、黑三色大理石组成，建成于14世纪。

P47上左和上右
装饰教堂的雕塑大部分由高质量的复制品替代。为了向意大利哥特式装饰致敬，马和狮子等具有象征意义的动物元素反复出现，但图案和彩色材料的组合也预示了之后的文艺复兴风格。

P47 下
大教堂的立面装饰雅致，装饰物包括壁龛、雕像和象征性的图案。它是尼古拉·皮萨诺和乔瓦尼·皮萨诺设计的。

并向坎帕纳总委员会指出了这一点。1339年，教堂的设计（在这一设计稿中，现在的教堂只有耳堂）交由兰多·迪·彼得罗实施，但与邻近城市之间的战争和1348年的黑死病让整个项目停滞，只有右侧部分完工。

教堂的钟楼于1313年建成，由阿戈斯蒂诺·迪·乔瓦尼和阿尼奥洛·迪·文图拉设计。它的平面图是正方形的，墙壁内衬黑白大理石嵌条。从底层开始，随着高度的增加，透光的窗户的数量从一扇逐渐增加到六扇，钟楼顶部是一个八角形的塔尖，周围有四个小尖塔。1376年，在乔瓦尼·迪·切科的指导下，教堂后立面的修建工程重新开工，但直到1382年，随着中殿拱顶的抬升和后殿的重建，锡耶纳大教堂才算真正完工。

P48-49
教堂的穹顶位于耳堂之上。五排同心的藻井向上逐渐缩小，最终到达中心圆孔处。

P48 下
教堂的拉丁十字平面有一个中殿、两个侧廊和一个耳堂。1382年，原本更大的建筑设计被放弃后，原来的耳堂被改造成了建筑主体，建成现在的中殿。装饰着星星的拱形天花板使中殿普遍采用的罗马式外观更加明亮。

P49 下左
俯视锡耶纳大教堂，其拉丁十字形平面和谐而宏伟，它完工于1382年。

P49 上
左侧走廊尽头的皮科洛米尼图书馆有许多珍贵的彩绘手稿。图书馆为红衣主教皮科洛米尼所建，由著名画家平图里基奥进行装饰。

P49 下右
大教堂内部有许多有趣而美丽的图案，尤其是带有正方形镶嵌装饰的地板。另一个特色是吉安·洛伦佐·贝尔尼尼1661年设计的基吉礼拜堂和巴尔达萨雷·佩鲁齐设计的主祭坛。唱诗楼上有意大利最古老的窗户，由杜乔设计。

大教堂的特色在于哥特式建筑和装饰的完美融合，它是文艺复兴风格的先声。它的平面呈拉丁十字形（罗马时代开始盛行的建筑平面结构，一般为三面臂长相等，一面臂长较长的十字形），有一个宽阔的中殿和两个侧廊。与中殿相连的耳堂上是十二边形的穹顶，下面由一个六边形基座支撑。俯视中殿和唱诗楼的教皇半身雕像建于15世纪末到16世纪初。

在1370—1550年，镶嵌大理石的精美地板分不同阶段铺设，描绘了人类的历史和救赎。传统上，这一杰作被认为是杜乔·迪·博宁塞尼亚的作品，其曾启发但丁写下《神曲》中的《炼狱》。但是古代文献显示，它其实是乔瓦尼·达·斯波莱托的作品，并且不会早于1369年。

左侧耳堂包括尼古拉·皮萨诺雕刻的布道坛，这是意大利哥特式的杰作，由尼古拉·皮萨诺的学生于1268年最终完成。左边通道的尽头是皮科洛米尼图书馆的入口。这一文艺复兴时期的建筑由红衣主教弗朗切斯科·泰代斯基尼·皮科洛米尼下令建造，用以保存他的叔父教皇庇护二世的藏书。

The Alhambra

阿尔罕布拉宫

西班牙——格拉纳达

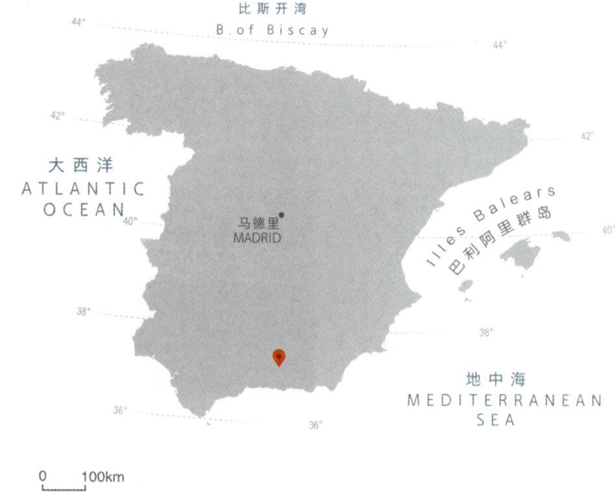

P50
狮子宫被一系列雕刻精美的门户围绕，它们看起来就像用金银丝或最精致的蕾丝编织而成，而实际上使用的材料是大理石、象牙和雪松木。

P51 上
狮子宫门廊的立柱纤细，提升了整栋建筑结构的明亮程度，像大多数摩尔式建筑一样精巧别致。

P51 中
1526—1527年，查理五世这座严谨而传统的宫殿建成。其内部的庭院被视为西班牙文艺复兴建筑的杰作。

P51 下
狮子宫得名于狮子喷泉，喷泉的东西南北四个方向都有一条水渠流入宫殿的房间中。

格拉纳达是伊斯兰文明在西班牙的最后一处据点，直到1492年被天主教君主阿拉贡国王斐迪南二世和卡斯提尔女王伊莎贝拉一世征服之前，它一直是哈里发（历史上伊斯兰国家的统治者）的所在地。1212年，旷日持久的托洛萨战役开始，最终天主教徒们大获全胜，并收复了大片领地。1236年，他们又收复了科尔多瓦，1248年收复了塞维利亚，但格拉纳达在苏丹穆罕默德一世宣称自己是卡斯提尔王国的附庸后，又维持了250年的自治。

富丽堂皇的阿尔罕布拉宫是纳斯瑞德王朝苏丹的宫殿，建于一座俯瞰格拉纳达市的山丘之上，是伊斯兰艺术优雅的象征。它的名字来自阿拉伯语“al-Qalat al Hamra”（意为“红色的

城堡”），源于最初的堡垒所使用的砖的颜色。原址上建于11—12世纪的古代建筑群被围墙环绕；新建筑是穆罕默德一世下令建造的，始建于1238年，令人惊讶的是第二年就完工了。第一位实际入住阿尔罕布拉宫的苏丹是穆罕默德四世（1325—1333年在位），但这里富丽堂皇的装饰要归功于他的后继者优素福一世（1333—1354年在位），正是他在位期间完成了科玛雷斯塔和女囚塔的装饰工作，诗人伊本·耶巴的铭文诗可以为证。

阿尔罕布拉宫最辉煌的时期是穆罕默德五世在位时，他的统治时期分为两段：1354—1359年和1362—1391年。他指挥建成了狮子宫和桃金娘中庭，但是没有任何资料可以告诉我们关于纳斯瑞德宫的修建情况、建筑师以及成本。人们对阿尔罕布拉宫内部的生活以及它的房间情况也知之甚少。这些建筑是用石砖建成的，柱子、柱顶和地板都用大理石修筑。墙壁和天花板的装饰

P52上和中
从“建筑师花园”眺望可见的要塞，是阿尔罕布拉宫三部分之一。从它的防御工事可以看出它的军事用途。

P52 下左
主渠庭院位于老建筑的中部，其间桃金娘和橘树掩映，花草与喷泉错落相间。

P52 下右
像阿尔罕布拉宫的其他庭院一样，柏树院充满了水和植物，还有一个凉爽的拱廊建筑。

P52-53
位于花园植被中的许多蓄水池之一。这样的池子也被叫作“灌溉水渠”（acequia），对于阿尔罕布拉宫非常重要，阿尔罕布拉宫完全依靠水来维持日常运转。

P53 下左
科玛雷斯塔俯视着桃金娘中庭的北侧。屋顶和边塔是近年修建的。

P53 下右
这里可能是女眷的住所，朝向桃金娘中庭南侧。窗户有栅栏保护。

P54 上
有时，一些细节可以更好地体现室内装饰的丰富程度。这个灰泥瓦片就是一例，我们由此看到了风格化的图案和对浮雕近乎完美的运用。

P54 下
整个阿尔罕布拉宫内精心设计的装饰效果在保持结构丰富度的同时，增强了建筑内的亮度，其产生的光影效果还使空间的过渡显得更加隐蔽和自然。

P54-55
密密麻麻的装饰效果令人目不暇接，两姊妹厅是钟乳石檐口建筑的杰作。厅中另一个特色是篆刻在墙上的诗人伊本 · 扎姆拉克的诗句。

P55 下
达拉克萨观景台除了有丰富的花卉和几何元素装饰，还可通过露台三面的大窗户欣赏内庭花园的景色。

则使用了镶嵌木、陶瓷和灰泥制造。使节厅的天花板是木匠艺术的杰作，光线可以透过天花板，照亮整个房间。宫殿内外都铺设了色彩明亮的瓷砖，按几何图案排列，但是最杰出的装饰是表现铭文和植物图案的花砖作品。最漂亮的例子见于两姊妹厅和阿文塞拉赫斯厅的钟乳石檐口（muqarnas）。

阿尔罕布拉宫分成三部分：纯粹为军事目标而建的要塞、宗教仪式场所和宫殿。科玛雷斯宫中的长方形庭院被一个长长的喷泉分割成南北两部分，喷泉增添了这里的活力。狮

子宫的中庭是阿尔罕布拉宫最精致、最著名的景点：中心是狮子喷泉，周围有四条长长的水渠，流向宫殿的房间，房间外的走廊上有124根柱子。

围墙外是为穆罕默德二世修建的将军宫，这是一栋被伊斯兰式花园环绕的乡村别墅。阿尔罕布拉宫最后一个阶段的建筑是1527年为查理五世建造的宫殿，他被选为神圣罗马帝国皇帝，统治着奥地利和匈牙利。同时，他也是西班牙的国王，虽然他退休后才长期待在这个国家。查理五世的宫殿布局古典、装饰暗淡，而摩尔式建筑明亮、精致，二者形成了鲜明的对比，突出了天主教和伊斯兰文化的差异。

The Dome of Santa Maria del Fiore

圣母百花大教堂

意大利——佛罗伦萨

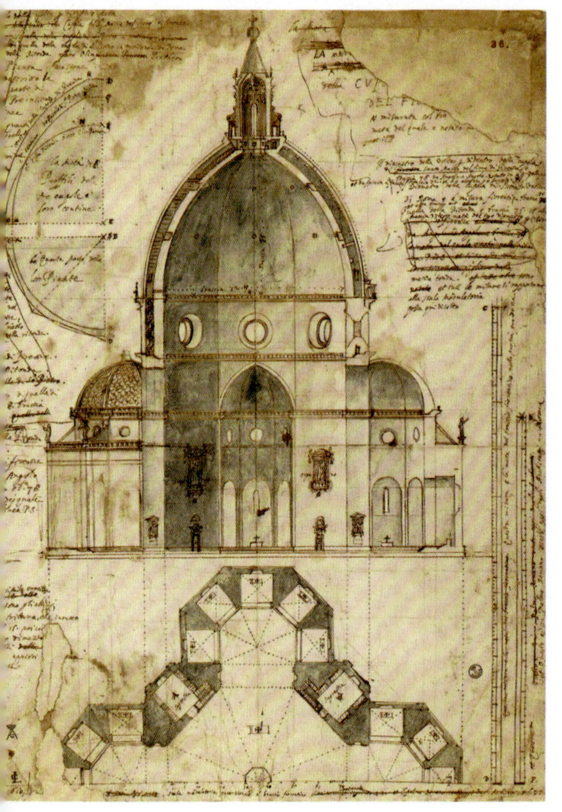

1296年，阿诺尔福·迪·坎比奥受命建造佛罗伦萨的新主教座堂，替代旧的圣雷帕拉塔教堂。1310年这位建筑师去世后，工程在乔托·迪·邦多内的指导下继续进行。1412年，新教堂命名为圣母百花大教堂，暗喻百合——象征佛罗伦萨共和国。

圣母百花大教堂是世界第三大教堂，仅次于罗马的圣彼得大教堂和伦敦的圣保罗教堂。它呈拉丁十字形，有两个侧廊，内部装饰着保罗·乌切洛、安德烈亚·德尔·卡斯塔尼奥、乔治·瓦萨里和费代里科·祖卡里的壁画。教堂的钟楼由乔托于1334年开始建造，后由安德烈亚·皮萨诺修建了最初的两层，最后于1359年才由弗朗切斯科·塔伦蒂建造完工。大教堂现在的立面是埃米利奥·德·法布里斯建造的，它是19世纪佛罗伦萨哥特式建筑的范本。

作为佛罗伦萨的象征，圣母百花教堂的穹顶由菲利波·布鲁内莱斯基设计，原设计者坎比

奥的设计稿中并没有穹顶。圆顶巨大的尺寸和约45米的内部直径在建造过程中产生了许多问题，因此1418年举办了一场对圆顶工程设计的竞赛，布鲁内莱斯基成为获胜者。根据他对罗马万神殿圆形大厅的研究，他采用了一种自支撑的飞扶壁结构，没有使用任何地面支架。穹顶有双层框架，外层框架是一个凸起的尖顶，从外面看到的白色骨架是框架之间的加固结构。穹顶于1434年完工，穹顶之上的采光塔是两年后安置上去的。

P56

这幅卢多维科 · 奇戈利在16世纪绘制的草图再现了教堂基本的建筑框架。

P57 左

圣母百花大教堂是意大利文艺复兴艺术的杰作。六个世纪以来，穹顶和钟楼的轮廓一直是这座城市天际线的一部分。

P57 右

菲利波 · 布鲁内莱斯基设计的穹顶无疑是教堂的焦点。这张俯瞰图显示出穹顶和教堂其余部分比例的不均衡。是乔托的钟楼和洗礼堂让整栋建筑在垂直方向上保持平衡。

穹顶看起来好像被挤在教堂主体和钟楼之间，实际上它是个庞然大物。

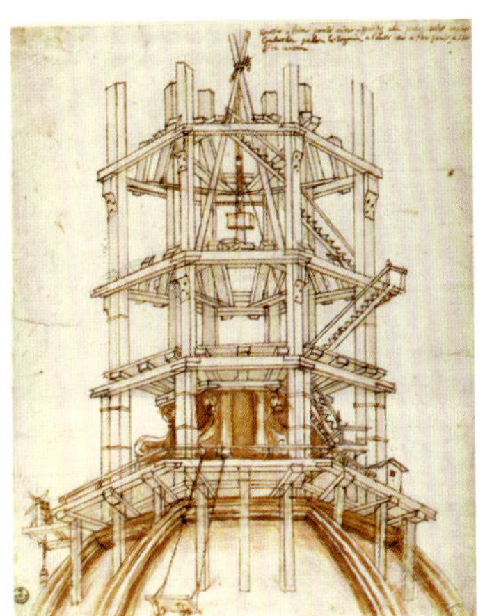

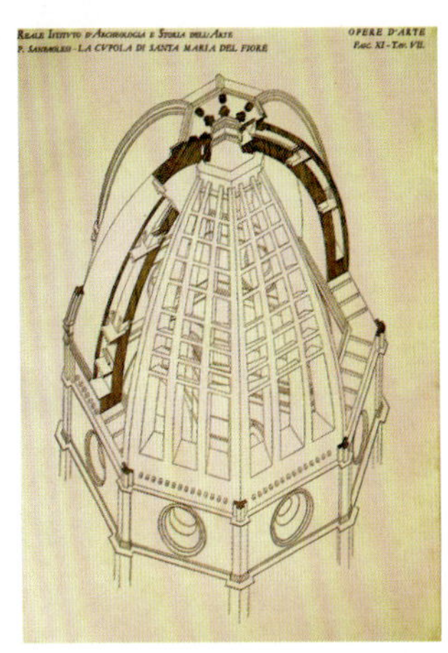

P59 上

教堂内部以丰富多样的装饰而著称。保罗·乌切洛、安德烈亚·德尔·卡斯塔尼奥、乔治·瓦萨里和费代里科·祖卡里的壁画，以及卢卡·德拉·罗比亚和皮萨诺学派的雕塑使教堂内部巨大的空间看起来宏伟壮观。

P59 下左

穹顶上的采光塔是在人们以为教堂已经完工后两年才修建的。

P59下中和下右

这些19世纪的草图显示了穹顶的双层框架设计，它没有采用地面支架，而是使用自支撑的飞扶壁。但穹顶上部采光塔的放置仍需要支架。

Saint Peter's Basilica

圣彼得大教堂

梵蒂冈——梵蒂冈城

P60

“两个延伸的半圆张开手臂接纳天主教徒……令异教徒和无信仰者都归顺教堂”，贝尔尼尼这样描写广场两侧的柱廊，他称其为“门廊的剧场”。

P61 上

贝尔尼尼为圣彼得大教堂前面的空间设计了一个椭圆的宝石形广场。长度较短而略微收拢的两侧校正了马代尔诺修建的教堂立面的水平性。

P61 中

半圆柱廊上立有140个雕像，这两个是圣维塔和圣女彼得罗尼拉的雕像，它们立于教皇亚历山大七世的巨大纹章旁。

P61 下

公元37年，罗马皇帝卡利古拉把方尖碑从埃及运到罗马，竖立在尼禄竞技场。它原本矗立在广场一侧，1586年教皇西克斯图斯五世将它移至广场中心。

梵蒂冈的圣彼得大教堂是世界最大的天主教礼拜堂。教堂的由来要追溯到位于梵蒂冈山丘上的圣彼得之墓。这座长方形教堂最初的版本是公元326年君士坦丁大帝下令修建的，矗立在圣彼得墓上方。1300年，乔托和他工作室的艺术家们制作了马赛克拼贴的天使半身像和主祭坛上的多联画屏。1452年，教皇尼古拉五世决定让贝尔纳多·罗塞利诺对教堂进行改建。但三年后尼古拉五世去世，工程基本陷入停滞状态，直至教皇尤利乌斯二世提出了许多雄心勃勃的新计划。大教堂作为教皇权力的象征，教皇希望重建时不但要规模宏大，还要美轮美奂。新建筑师多纳托·布拉曼特提出了激进的新设计，这个方案需要拆除整个旧教堂以及罗塞利诺新建的穹顶。

首先建造的是一座带有尖塔的小型建筑用以保护圣彼得的墓。然后，1506年4月18日，新教堂工程开始了。教堂平面呈希腊十字形（多见于拜占庭风格建筑，一般为四面臂长相等的正十字形），中心为巨大的穹顶，十字形的四端各有一个较小的穹顶。其余空间里，每个走廊都有额外的后堂，另外还建造了两座高塔来装饰立面。然而，1513年尤利乌斯二世去世时，只建成了四根中央立柱和用于支撑穹顶的连接拱券。教皇利奥十世邀请拉斐尔和小安东尼奥·达·圣加洛合作，他们共同制作了一个基于拉丁十字构图的设计。聘请拉斐尔作为建筑师是一个非同寻常的选择，因为他的主职是画家，因此他必须依赖圣加洛的经验。初步的设计图纸堆积如山，但实际施工再次受阻，这次是由于1520年拉斐尔的去世，以及1527年查理五世的军队洗劫了罗马。

直径4米多的穹顶置于四个墩柱的四组拱券之上，穹顶金底的环状部分镌刻着耶稣的话：“你是彼得，我要在这磐石上建立我的教会。”

PETRVS ET SVPER HANC

1547年，教皇保罗三世邀请米开朗基罗来监督工程。米开朗基罗一直工作到1564年去世，他重新回到了布拉曼特的希腊十字形平面的设计初衷，但增加了一个更加宏伟的穹顶。到米开朗基罗去世时，鼓座（用于支撑穹顶的结构）和三个主要的半圆穹顶已基本完工，但他的双穹顶设计只能由贾科莫·德拉·波尔塔来实现了。

1607年开始，由卡洛·马代尔诺负责教堂的修建直至正式完工，在保罗五世的要求下，他再次将教堂的希腊十字形设计改造成了拉丁十字形。

在米开朗基罗设计的三个穹顶的基础上，教堂内增加了三个隔间及入口的柱廊。目前的立面打乱了米开

P64-65
1962年，第二次梵蒂冈大公会议由若望二十三世召开，并由保罗六世于1965年结束。会议在教堂大殿举行，有2000多名教士参加。

P64 下
贝尔尼尼制作的庄严的巴洛克式圣彼得宝座位于后堂的后部，青铜座椅里面是古代的木质宝座。宝座上方是灰泥雕塑，中央是放射形光芒，边框是云彩和小天使的裸像，背景是一个以圣灵鸽为装饰的巨大窗户。

P65 上
主祭坛上的华盖是由教皇乌尔班八世委托贝尔尼尼设计并建造的。顶端有天使雕像的螺旋形立柱支撑着飞檐，飞檐上挂有悬饰。

P65 下左
圣母柱礼拜堂的名字来源于教堂15世纪时的部分油画。穹顶中心有一个圆孔，被灰泥肋拱分割成几个部分，窗户和壁柱相间围绕着鼓座。

P65 下右
1983年举行的宗教会议的开幕仪式有牧师和信众参加。教皇的宝座面向告解台，告解台的栏杆上长明着99盏灯。

朗基罗最初以传统罗马神庙为基础的设计，现有建筑过长的尺寸加上缺少两翼的高塔使穹顶失去了宏伟壮观的视觉效果。

教堂于1612年基本上完工，最终于1626年由乌尔班八世主持落成典礼。还有一位伟大的建筑师为圣彼得大教堂做出了贡献——贝尔尼尼。他为教堂制作了华丽的弧形柱廊，这些柱廊完成于1666年，使教堂前方的广场熠熠生辉；他还于1663年建造了主祭坛上华丽的青铜华盖，灵感来自圣彼得之墓。

教堂内有许多艺术史上最伟大的作品，包括米开朗基罗的雕塑《哀悼基督》、侧廊中巨大的墓碑、安东尼奥·德尔·波拉约洛设计的英诺森三世墓、贝尔尼尼设计的教皇乌尔班八世和亚历山大八世的墓碑，以及卡诺瓦设计的教皇克莱门特十三世墓。

La Rotonda

圆厅别墅

意大利——维琴察

P66
作为帕拉第奥建筑的杰出典范，圆厅别墅的结构和设计构成一个完美和谐的整体。建筑的每一面都有相同的前廊和长长的台阶，其重复性令人惊叹。

P67 上
圆厅别墅四面的乡村是设计关注的焦点之一。

阿尔梅里科别墅，即所谓的“圆厅别墅”，是安德烈亚·帕拉第奥最为知名的作品。这座乡村别墅由主教保罗·阿尔梅里科构思，于1566年动工，三年后完成。文森佐·斯卡莫齐监督了穹顶和外部台阶的施工，还负责设计了1620年修建的附属建筑。

这个地方似乎激发了帕拉第奥的设计灵感——在他的一系列别墅设计中，这是唯一一个基座为正方形的。别墅靠近山丘，三面被贝里科山的山谷包围，主入口在另外一面。

每个入口前都有一个六柱式门廊，顶部有三角形的山墙和山尖饰。帕拉第奥自己把这栋建筑比作剧场，这就解释了他为何在建筑的每一侧都使用了台阶。

穹顶下的圆形房间是非同寻常的，因为它没有直接通往次要房间的通道——这一布局令人联想到宗教建筑，也反映了阿尔梅里科和梵蒂冈的关系。

穹顶的设计参照了万神殿，包括中心的圆孔。圆孔最初是敞开的（中央房间的排水管道把雨水送入地下的井中），但是斯卡莫齐改变了设计，使得圆孔更小。如今的穹顶类似维罗纳罗马剧场的设计。

灰泥装饰由洛伦佐·鲁比尼、鲁杰罗·巴斯卡佩和多梅尼科·丰塔纳完成，壁画是亚历山德罗·马甘萨和路易斯·多里尼绘制的。

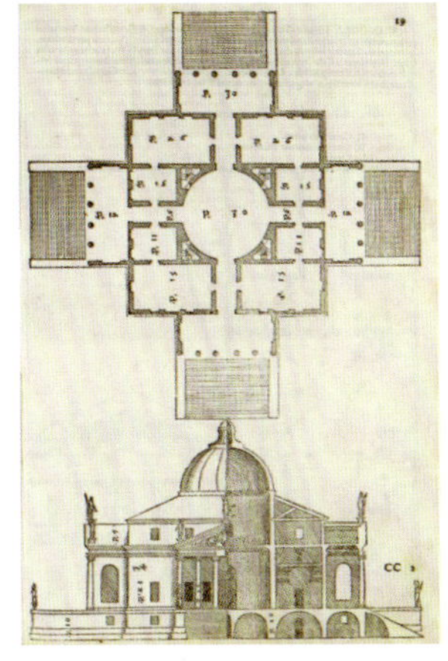

P67 左
这幅图纸引自帕拉第奥所著的《建筑四书》（*Four Books of Architecture*）的第二部，于1570年在威尼斯出版。

P67 右
别墅中的雕塑（一个手擒怪物的男性）被认为是洛伦佐·鲁比尼的作品，因为帕拉第奥在1570年出版的别墅概览中记了一笔。

St. Basil's Cathedra

瓦西里升天教堂

俄罗斯——莫斯科

P68
瓦西里升天教堂有九个穹顶，每个礼拜堂各一个。

P69
教堂是巴西勒被封圣之后奉献给他的。该建筑由一座中心礼拜堂和其四周环绕的八座小礼拜堂组成，是伊凡四世下令修建，用以纪念最终攻陷喀山之前击败蒙古人的八次战役。

1555—1560年，瓦西里升天教堂在莫斯科红场建成。这座教堂是人称“恐怖的伊凡”的伊凡四世建造的，以纪念1552年击败蒙古人并征服喀山的功绩。教堂建筑师的名字——波斯尼克和巴尔马——在1896年古代手稿被发现时才为人所知，但进一步的发现表明，这两个名字指的是一个人，即波斯尼克·雅科夫列夫，人称“巴尔马”。

教堂最初被命名为“圣母祷告教堂”，在“受保佑的巴西勒”（1468—1552年）被封圣之后，教堂被奉献给圣巴西勒。中心的礼拜堂建在他的墓穴之上。这座教堂建在圣三一教堂的旧址之上。伊凡四世最初的想法是新教堂共设八个单独的礼拜堂，其中一个位于中心，其余七个围绕中心呈辐射状排列，以纪念攻占喀山之前的八次袭击。后来根据建筑师的建议，改为在中心礼拜堂的周围修建八个礼拜堂，并通过一个长廊连接起来。

这八个礼拜堂分为四个大的和四个小的，高度和尺寸各不相同。每个较小的礼拜堂都与征服喀山的一个事件有关。北边的礼拜堂最初献给圣居普良和圣福斯蒂娜，但是1786年，在颇有权势的纳塔利娅·赫鲁斯彻娃的压力之下，礼拜堂改献给圣阿德里安和圣纳塔利娅；南边的礼拜堂献给俄罗斯军队的将军尼古拉·维利克莱斯基；西边的礼拜堂被命名为“耶路撒冷之门”（Entry into Jerusalem），此事与得胜之军返回俄罗斯相关；东边的是三一礼拜堂，纪念第一座教堂的建立。其他四座小礼拜堂沿着对角线分布：东北边的亚历山大三牧首礼拜堂仍然是为了纪念征服喀山而建；东南礼拜堂献给击溃鞑靼军队的指挥官亚历山大·斯维斯基；西北边的礼拜堂以圣格里高利·阿姆扬斯基的名字命名，以纪念征服喀山；最后，西南的礼拜堂献给瓦尔拉姆·胡廷斯基，这是唯一一个和击败蒙古人无关的命名。

17世纪，入口两侧增加了金字塔状的高塔，同时新建了两座门廊。在八角形的地基上矗立着一系列的圆形拱门。最大的礼拜堂（高约57米）比周围的八个穹顶更高，其中的装饰壁画绘于1784年，其他的则是19世纪增加的。教堂的画廊中装饰着17世纪的壁画，而其中一个礼拜堂里有一幅16世纪的珍贵圣像，描绘的是“耶路撒冷之门”。三一礼拜堂里收藏有莫斯科最古老的圣幛。

РОССИЯ

P70-71和P71下
教堂中的礼拜堂高度和形制各异，每个礼拜堂都有不同的穹顶，为建筑塑造了梦幻、新奇但精致优雅的外观。

P71 上
瓦西里升天教堂是伊凡四世于1555—1561年建造的，是红场的主要景观之一。

1812年拿破仑占领莫斯科之后，教堂遭到法国军队的破坏。随后，在1817年，教堂周围的墓地被拆除。20世纪初，教堂成了布尔什维克主义者的目标。1918年苏联当局杀害了牧师约安·沃斯托科夫，并且没收了教堂，钟被拆除，建筑被关闭。1930年，斯大林的合作者之一拉扎尔·卡冈诺维奇宣称有必要拆除教堂，以便为阅兵提供更大的空间。但是负责这项任务的建筑师彼得·巴拉诺夫斯基拒绝执行命令，并威胁要自刎。正是巴拉诺夫斯基这一行动，大教堂才得以保全。

The Palace of Versailles

凡尔赛宫

法国——巴黎

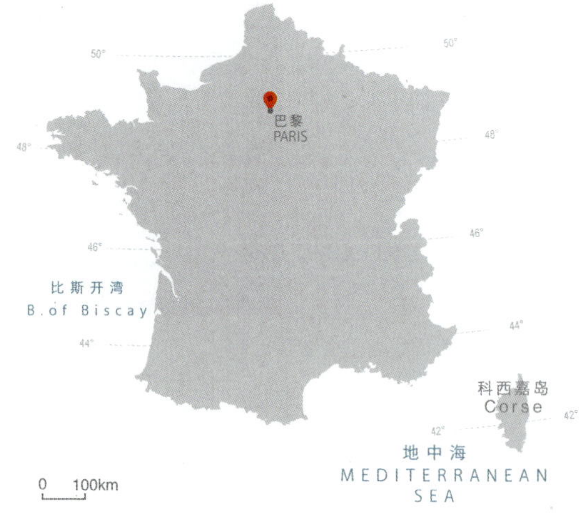

凡尔赛曾经只是巴黎城郊的一个普通小村落，它的命运却因法兰西国王路易十三热衷于狩猎而改变。路易十三加冕后，于1623年购买了凡尔赛，并责令菲利贝尔·勒罗伊在那里建造一座狩猎行宫。但直到1661年太阳王路易十四与西班牙公主玛丽亚·特雷莎婚后，才开始对狩猎行宫（当时叫“老行宫”）进行改造。路易十四把它变成了一座宫殿，或者应该说是皇家城堡，从1682年到法国大革命时期，宫廷和政府一直被设置在这里。凡尔赛宫最初由路易斯·勒沃设计，其后由朱尔·阿杜安-芒萨尔接替，并由安德烈·勒诺特作为花园和公园的设计师，直到18世纪末之前，凡尔赛宫都是欧洲所有宫廷的典范。宫殿首先由勒沃扩建，其两翼与中庭两边平行，开阔的立面俯视花园。芒萨尔在1667年对宫殿又进行了扩建，在中庭的南北两边增加

P72
大理石庭院北侧的这个大门通向凡尔赛宫的众多花园。

P73 上
大理石庭院比皇家庭院高出五级台阶，是路易十三时期建筑群的核心。

P73 中
从巴黎大街看凡尔赛宫，建筑群形成连续的中轴线。

P73 下
宫殿西面（朝向花园的一侧）倒映在碧水园中。

了宏伟的楼宇，这里在酝酿之初就是整栋建筑和景观的中心。芒萨尔还设计了皇家大马厩和小马厩，这两座建筑将宫殿前方东侧由军械广场、橘园和大特里亚农宫组成的半圆封闭起来。大特里亚农宫是一座属于国王的小型私人别墅，至今仍用作法国总统的住所，并在此接待国宾。

芒萨尔最出色的创作是把勒沃建造的面向公园的露台改造成壮观的镜厅，这是对法国君主专制制度的一种非常精妙的隐喻。凡尔赛宫被公认为最能体现法国君主制鼎盛时期的权力、奢华和优雅的代表，它至今仍会令游客在靠近时产生敬畏感。穿过主门后，会经过三个庭院：首先是内阁院，由勒沃所建的两翼和路易十四的骑马像所围成，是三个庭院中最大的。在1783—1784年，蒙戈尔菲耶兄弟和皮拉特尔·德·罗齐耶在

P74 上左
让-巴蒂斯特·图比设计的阿波罗池以驾着战车的阿波罗像为中心。它位于一条人称“绿地毯”（Tapis Vert）的林荫道的终点，这是一条从主轴线延伸出来的宽阔大道，也被称为“太阳轴线”（Axis of the Sun），因为它连接拉托娜和其子阿波罗的雕塑。

P74 上右
毛尔希兄弟设计的巨龙位于龙池的中心，那是一个位于水径终点的直径约40米的喷泉。

P74 下左
太阳神在黎明时分从阿波罗池的水中浮现出来，他骑着由野马牵引的战车，开始了每天穿越天空的巡行。海螺吹响，预示着他的到来。

P74 下右
拉托娜池包括多个水池，水池上方是大理石雕像群——拉托娜和她的孩子阿波罗与戴安娜。这是毛尔希兄弟的雕刻作品。

P75 上
戴安娜厅有一座贝尔尼尼雕刻的路易十四半身雕像。

P75 中左
国王居所的众多客厅分别以绘在屋顶上的神祇命名，包括丰饶女神、美神维纳斯、月亮神戴安娜、战神马尔斯、神使墨丘利和太阳神阿波罗。图为维纳斯厅。

P75 中右
战争厅位于国王居所和镜厅之间。

P75 下左
和平厅位于镜厅的另一端。

P75 下右
镜厅有17扇朝向园林的大窗，在长廊的另一边则设有17面大镜子。在盛大的场合，3000盏灯被反射到镜中，产生一种迷人的闪烁效果。1871年德意志帝国在这里宣布成立，1919年《凡尔赛条约》在这里签署。

这里进行了热气球升空的首次尝试。这个院子后面是皇家庭院，只有朝臣的马车可以进入。最后是大理石庭院，这是路易十三最初住所的中心。

宫殿之后，展现在视野中的是大约1平方千米的园林和喷泉。勒诺特第一次尝试了他对“法国式花园”的设想。从布局对称的意大利式花园开始，他规划了新的

P76-77
皇家礼拜堂的绘画装饰，由安托万·夸佩尔、查尔斯·德拉·福斯和让·茹弗内按照夏尔·勒布朗的风格，以三位一体为主题进行创作。

P76 下
皇家礼拜堂由芒萨尔设计，最终由他的妹夫罗伯特·德·科特完工，礼拜堂是献给圣路易斯的。楼上的长廊留给皇室家族和侍女使用，中殿是供朝臣使用的。

P77 上

拿破仑和奥地利的玛丽·路易丝结婚之后，曾考虑搬入凡尔赛宫使用王后套房（如图）。他的妻子将住在楼下，而他的妹妹波利娜·波拿巴则住在小特里亚农宫。

P77 下左

大特里亚农宫是芒萨尔为路易十四的宫廷休憩生活而建。在中庭后面，有一个由粉色大理石柱组成的柱廊，是通往公园的入口。

P77 下右

皇家剧场是一个用雕刻精美的镀金木料装饰的椭圆形房间。它是安格-雅克·加布里埃尔在不到两年的时间里为路易十六和奥地利的玛丽·安托瓦内特的婚礼建造的。

呈放射状的轴线道路和小径，中间穿插着亭子、精心栽培的树木和意想不到的空地，激发了人们对空间的感知。几十年间各处又增加了装饰用的台阶、房舍、巨大的水池和喷泉。在公园的中轴线上，有两方平行的水池被称作“碧水园”（Parterre d'Eau），周围有24座青铜雕塑围绕；拉托娜池装饰着泰坦女神拉托娜（希腊神话称“勒托”）、太阳神阿波罗和月亮神戴安娜的雕像；阿波罗池展现了驾着战车的太阳神阿波罗；大运河与小运河交叉，形成周长超过4800米的巨大的十字形蓄水池，这是皇宫最华丽的宫廷宴会场所。众多花园中唯一没有遵循轴对称性的是小特里亚农宫的英国花园，由建筑师雅克-安格·加布里埃尔于1762至1768年为路易十四兴建。它以壮观的异域树木为特色，亭阁庙宇点缀其间，曲径交错。法国大革命期间，凡尔赛宫遭到洗劫和破坏，废弃了近50年。1837年，法国国王路易·菲利普开始修缮王宫，恢复了它逝去的荣耀，他把南翼改造成博物馆以纪念“法兰西的辉煌”，由此奠定了凡尔赛宫现代历史的基础。

Peterhof

彼得夏宫

俄罗斯——圣彼得堡

沙皇彼得一世因其极高的身高、显著的成就和他所建造的宏大的建筑规模而被称为“彼得大帝”。在一次西欧之行中，他对凡尔赛宫印象深刻。这位令俄罗斯向西方世界开放的沙皇在1709年的波尔塔瓦会战中打败瑞典国王查理十二世之后，决定建造一座夏季行宫，以庆祝他赢得了波罗的海的入海口。这座宫殿深受凡尔赛宫灵感启发，却比它更加辉煌壮丽。这座18世纪的俄罗斯最重要、最超凡脱俗的宫殿——彼得夏宫最终于1714年竣工。

1712年，沙皇将宫廷和政府都迁移到圣彼得堡，彼得夏宫距离新都圣彼得堡约29千米。彼得夏宫由德国人约翰·弗里德里希·布劳恩施泰因设计，由法国人让-巴蒂斯特·亚历山大·勒布隆建造，他是凡尔赛宫花园的设计者勒诺特的学生。1717年，勒布隆也参与

P78
彼得夏宫的立面被皇家礼拜堂（照片中）的金色穹顶和鹰亭包围。

P79 上
彼得夏宫大宫殿正前方的是大瀑布喷泉，由建筑师拉斯特列利设计。大瀑布喷泉的水流入半圆形的水池中，水池中央是力士参孙打败狮子的雕塑，然后由此沿着水路一直流入芬兰湾。

P79 中
彼得夏宫又被称为“海边的凡尔赛”，在它巨大的花园中建有众多喷泉、水池和水榭亭台。

P79 下
在宫殿南面的上花园中心，矗立着海神喷泉，周围环绕着海马、海豚和河神雕塑。

了圣彼得堡新城的规划，该工程由彼得大帝监督并亲自参与，几份亲笔绘制的草图可以为证。

虽有凡尔赛宫作为原型，但宫殿还需要改造以适应与之不同的环境：彼得夏宫位于与芬兰湾平行的长度超过1600米的狭长地带上，由下花园和上花园组成。下花园的地面向下倾斜直到海边，上花园是一个约320米×366米的长方形花园。两园之间是长约306米的大宫殿，建筑立面错落有致，引人注意。这个宫殿原本建有两层，但在18世纪中期，冬宫的建筑师巴托洛梅奥·拉斯特列利应沙皇伊丽莎白一世的要求将其加高，并赋予其雕琢繁复的巴洛克风格。大宫殿在所有伟大的王室建筑中独树一帜之处在于宫殿北侧的“大瀑布喷泉”（the Great Cascade）。喷泉的水流流入一条宽阔的通往大海的水路，并与两侧

P80 上
参孙徒手撕开狮子嘴的雕像象征着彼得大帝在“圣参孙日”那天在波尔塔瓦战役中击败了瑞典。

P80 下
海神喷泉位于橘园附近。除去装饰作用，它也是散步小径的视线焦点。

P80-81
宫殿的中轴线以北侧直通大海的水道和南侧上花园的三个喷泉为标志。

P81 下
这两尊海神像被喷泉环绕，矗立在梯台的中心，俯瞰着阶梯瀑布。

的喷泉水流交汇，最终流入海湾。

大瀑布喷泉以大量镀金的雕像、花瓶和高约20米的喷泉为特色，水流汇入的水池中央有一座力士参孙打败狮子的雕塑，象征着俄罗斯击败瑞典。

彼得夏宫中170余处喷泉的用水来自约22千米以南的罗斯宾山丘，通过一系列专门建造的天然的和人工的水池、运河以及水闸运往此处。

上花园是一个对称布局的法式园林，建有一系列海神尼普顿喷泉，而下花园是开放

的，且结构更加规整。从大瀑布喷泉向外呈扇形分布的是通向大海的中央水路，右边的林荫道通向隐士阁，左边的通向蒙普莱西尔宫。主要的喷泉之间都有路径相连，比如棋盘喷泉、蒙普莱西尔宫喷泉、罗马喷泉、金字塔喷泉、伞状喷泉和橡树与太阳喷泉之间；以及蒙普莱西尔宫喷泉、玛尔丽宫喷泉、亚当喷泉和夏娃喷泉之间。其他重要的喷泉包括位于大宫殿东侧的海神喷泉，以及靠近玛尔丽宫的狮子喷泉和有着镀金青铜台阶的金山喷泉。宫殿东侧是亚历山大公园，19世纪初期，尼古拉一世在那里建造了一座较为简朴的私人住宅。

二战期间，持续900天的列宁格勒战役使彼得夏宫严重受损，随后在可能的情况下立即进行修复和重建。时至今日，彼得夏宫仍旧反映出它极有远见的创建者的伟大。

P82-83
御座间通过双层窗户采光，其装饰相对朴素，由镀金的灰泥、肖像画和嵌板构成。大镜子的使用增添了漂亮的光线和色彩效果。

P82 下
通向御座间的主台阶上装饰着华丽的扶手栏杆。

P83 上
肖像室有来自维罗纳的彼得罗·罗塔里绘制的368幅女性肖像。

P83 中
大殿的门窗和镜子的边框都由拼接的壁柱组成。

P83 下
某些房间保存着皇家瓷器厂生产的精致瓷器。

Esterházy Palace

埃斯泰尔哈兹宫

匈牙利——费尔特德

埃斯泰尔哈兹宫位于匈牙利西部的费尔特德，这座豪华洛可可式宫殿是为米克洛什·埃斯泰尔哈兹王子修建的。几十年来，王子在那里遵循着欧洲皇室富丽、优雅的行为准则，过着奢侈的生活，并与奥地利宫廷保持着敌对关系。

此处最初是建筑师安东·埃哈德·马丁内利于1721年建造的一座普通乡村别墅。但在1764年，米克洛什王子凭借在欧洲之旅中对文化和世俗生活的体验，以及他在维也纳宫廷的重要地位（他曾在奥地利从军），当然更多的是发扬家族传统，他亲自监督对这幢房子进行了大规模的重建，并将其命名为埃斯泰尔哈兹宫。

根据意大利建筑师吉罗拉莫·博恩的建议，他选择了一个以凡尔赛宫和美泉宫为建筑蓝本的设计方案。在参与该项目的众多建筑师中，可能是由梅尔希奥·黑弗勒负责优雅的铁艺大门和朝向花园的立面，米克洛什负责主立面，主立面在1766年被稍微拓宽，并遵循当时的洛可可风潮进行了大量的装饰。当工程于1784

P84上和下
埃斯泰尔哈兹宫是一个深受意大利风格影响的典型洛可可式建筑。宫殿呈马蹄形，两翼为冬季花园和画廊。

P85 上
黑弗勒设计的精致螺旋纹、希腊回纹和植物纹样的铁艺图案，装饰着通往二楼主阶梯的石栏杆和居所阳台的围栏。

P85 下左
埃斯泰尔哈兹宫庭院被建筑物包围，其中心有一个巨大的圆形喷泉，四周环绕着灌木和花圃。

P85 下右
1764年，受托于米克洛什·埃斯泰尔哈兹王子，奥地利建筑师黑弗勒设计了宫殿的中央建筑的立面，从建筑中可以俯瞰法式花园，但该花园已不复存在。

年完工时，这座宫殿被誉为“匈牙利的凡尔赛宫”，而米克洛什王子自己也得到了“华丽之人”（the Magnificent）的绰号，他借此在王朝中赢得了威望。

这座建筑按马蹄形建造。位于中央的主建筑共有四层，下三层每层都有十一面阳台窗，而位于正中的第四层只有三面窗户，所有的窗户都与巨大的壁柱交替出现。主建筑旁弧形的两翼围成埃斯泰尔哈兹宫的庭院，

P86-87
宴会厅是匈牙利巴洛克晚期风格的典范。大理石、镜子和雕花板的装饰富丽堂皇；过道、壁画和家具摆设都以精致的白色和金色灰泥垂花雕饰来勾勒。

P86 下
埃斯泰尔哈兹宫的二楼布置了一系列装饰华丽且富有想象力的会客室和私人房间。一连串的过道增强了建筑的空间感。

P87 上
宴会厅角落的彩色雕像《四季》是约翰·约瑟夫·罗斯勒的作品。

P87 下
宫殿内的许多房间都装饰了中式风格的墙板。1773年，埃斯泰尔哈兹王子在一个这样的房间里举办了一场东方舞会，以招待匈牙利和波希米亚女王玛丽亚·特蕾西亚。

中间是一个喷泉池，池中心有一个小天使和海豚的雕像。两翼的最外侧部分是单层建筑，设有大型拱廊、花瓶和铁艺装饰。宫殿的草坪、法式花园（现已不存）和公园经常用来举办音乐会和聚会。

宫殿内部的126个房间全部位于中央的主建筑中，这也是这里唯一几乎完好无损的部分。宫殿两翼建筑的许多景致已经被毁，包括木偶剧场、中国屋、艺术画廊、冬季花园，尤其是弗朗茨·约瑟夫·海顿演奏乐曲的房间。埃斯泰尔哈兹家族雇佣海顿来做音乐指挥，他们是艺术赞助人，并意识到好的音乐给宫廷的社会生活带来威望。

这里仍然保留着约瑟夫·伊格纳茨·米尔多弗引人注目的壁画，他是自维也纳前来的众多学院派艺术家之一。他装饰了礼拜堂、长廊和宴会厅，在宴会厅中还可以欣赏到约翰·约瑟夫·罗斯勒创作的雕塑。

19世纪末，宫殿经历了一段长时期的废弃，随后由日什蒙德·鲍比奇进行了修缮；更近的一次修缮是在二战受损之后，这次修复让埃斯泰尔哈兹王宫恢复了大部分的辉煌。

The Sagrada Familia

神圣家族教堂

西班牙——巴塞罗那

P88
神圣家族教堂受难立面的门廊下的雕刻代表了耶稣生命的最后时刻。

P89 上和下
这座修长的建筑具有哥特式风格，有三处雕饰繁复的入口和若干钟楼。

1883年，年轻的加泰罗尼亚建筑师、加泰罗尼亚现代派代表安东尼·高迪·科尔内特受命建造神圣家族教堂。他从根本上改变了弗朗西斯科·德尔·维拉原本的新哥特式设计，并在此后的43年时间里紧锣密鼓地工作，以实现自己高度创新的设计。教堂突出的高度、非凡的造型和自然的可塑性，结合他对色彩独创性的使用，再融合抛物线、双曲线和螺旋面，产生出不同寻常的辉煌效果，使建筑的结构、形式和颜色完美对应。

教堂设计的典型特征是大量采用垂直伸向天空的线条。这座建筑有一个中殿、四条走廊和一个耳堂，直到1926年高迪去世时仍未完工，预计2026年建成。教堂三个立面分别根据耶稣诞生、受难和荣耀的主题命名，每个立面的装饰和建筑元素都呼应了各自的主题。以耶稣诞生为主题的立面朝东，面向冉冉升起的旭日，通过独立的装饰石块的可塑性表达力量和生机。繁复的装饰取材自地中海的动植物，暗示着生命的丰富和喜悦，这些动植物是这位加泰罗尼亚建筑师无尽的灵感源泉，他的自然主义和象征性的建筑语言源自其文化的根

脉。龟、蜗牛、鹅、公鸡、鸟，尤其是春天的花朵，在这个蜿蜒的现代结构上随处可见。教堂的三座大门象征着信仰、希望和仁爱，这是基督教教义的基础。

与耶稣诞生的立面不同，朝西的耶稣受难立面倾向于表达死亡所造成的不可逆转的损失。这部分建筑不再柔和曲折，而是方正而坚硬。六个风格化的飞扶壁，看起来更像是剥除了皮肉的骨架，支撑着几乎没有任何装饰的结构，代表了上帝之子死亡的悲惨和凄凉。该立面上可见的装饰主要为秋冬的水果：栗子、石榴和橘子。只有在八座钟楼中的四座的顶端，生命的希望才重新显现：尖塔的顶端装饰着用鲜亮的瓷砖拼贴的鲜花和十字架，预示着耶稣复活的奇迹和荣耀。

耶稣荣耀是南向未完成的立面的主题。高度从88米到110米不等的八座钟楼矗立于东侧和西侧立面上

P90-91

耶稣诞生立面的中央大门的最高点是一个高高的塔尖。丰富的装饰物象征着生命的富足。大门之后是四座钟楼，分别献给使徒马太、犹大、西门和巴拿巴。

P90 下左

光线穿过镂空的墙壁。高迪从伟大的哥特式大教堂中汲取灵感，光线是建筑中的一个基本元素，象征着神圣的存在。

P90 下中
高迪风格的一个突出的特点是陶瓷花砖拼成的覆面，这在奎尔公园也可以看到。

P90 下右
中心大门是为信仰而设的，其上的雕塑群以圣母加冕为高潮；而一边的希望之门则以耶稣婴儿时期的情节为装饰。

P91 上
这个细节取自受难立面，其压抑和朴素的装饰与耶稣之死的主题极为契合。所有雕像的脸都是悲哀的。

P91 下
耶稣受难立面的六个纤细而充满张力的飞扶壁支撑着一个带有方形切割石雕的门廊，更体现了失落和悲凉感。

方，每个立面各四座。加上南侧立面四座钟楼，这组十二座钟楼代表了十二使徒。最高的钟楼是献给耶稣的，高约170米，顶部将有一个闪亮的十字架，周围围绕五个小塔，那是奉献给圣母和四位福音传教士的。

据记载，神圣家族教堂丰富的装饰象征着宗教信仰——外部的装饰讲述了耶稣的一生，内部的装饰则描绘了圣地耶路撒冷。宗教赋予的灵感至关重要：天主教教义和大众传统、神话传说和异教徒的图案结合在一起，形成了丰富的装饰和充满力量且富有表现力的建筑象征符号。

The Eiffel Tower

埃菲尔铁塔

法国——巴黎

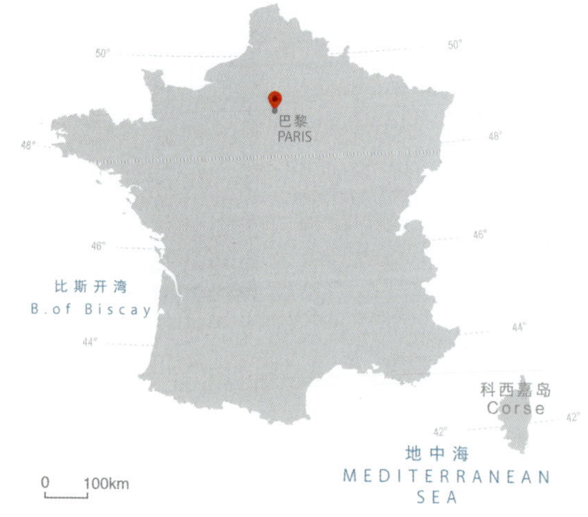

埃菲尔铁塔由亚历山大·古斯塔夫·埃菲尔为了巴黎世界博览会及纪念法国大革命100周年而设计，已成为巴黎最著名的景点之一，也是这座城市的象征。

1884年，法国政府为建塔开始调研，但因为遭遇许多问题，工程直到1887年才开始动工，并在26个月之后竣工。尽管本来计划要在世博会结束时将其拆除，但当时一家主流报纸《时报》（*Le Temps*）上还是出现了许多反对埃菲尔铁塔的抗议。文艺界中也传出了许多异议之声，如夏尔·古诺、居伊·德·莫泊桑、亚历山大·小仲马、纪尧姆·布格罗、欧内斯特·梅索尼尔、查尔斯·加尼叶以及其他许多人。在那个建筑几乎完全用砖石建造的时代，不难想象埃菲尔铁塔所引起的惊诧和某些人被冒犯的感受。毕竟，一座如此轻盈、高达数百米，建在城市中央的铁塔，人们不可能视而不

P92
埃菲尔铁塔是巴黎的象征之一。它上面排列了两万盏灯，到了晚上，每个小时的前十分钟都会点亮。

P93 上
埃菲尔铁塔把铁作为一种新的建筑材料。它逐渐变细的轮廓在地势平坦的巴黎非常显眼，人们可以从城市的任何一个角落看到它。

P93 下
从1889到1930年，埃菲尔铁塔一直是世界上最高的建筑，直到1930年克莱斯勒大厦在纽约竣工。

见。建塔的目的是展示一种建筑材料的工艺能力、韧性和耐性，这种材料在当时正因工业革命而日益流行。为实现这个庞大的“实验”，需要在现场组装6300吨预制金属部件。

1908年1月，法国军队进行的一次无线电通信实验，结束了埃菲尔铁塔拆除与否的争议——埃菲尔铁塔（作为无线电广播的发射器和接收器）被证明能够实现强大的通信能力，并且是巴黎作为一座现代化的、充满活力的城市所不可或缺的建筑，因此官方批准其无限期保留。

从1920年开始，埃菲尔铁塔就成为这座城市的象征，强调了首都的超前意识。许多诗人、导演、摄影师和画家都从它的造型中获得了灵感。最早是点彩派（以点状笔触组合成图像的绘画风格）的创始者乔治·修拉，他在1888年铁塔完工前就选择它作为主题。继修拉之后，受埃菲尔铁塔启发的还有让-雅克·卢梭、保罗·西涅克、皮尔·博纳尔、莫里斯·郁特里罗、马塞尔·格罗迈尔、爱德华·维亚尔、拉乌尔·杜飞和马克·夏加尔。罗伯特·德劳内在1910年绘制的系列油画《埃菲尔铁塔》（*Le Tour Eiffel*）因其将埃菲尔铁塔的现代造型转换为立体主义的表现形式而闻名。

1889年，这座铁塔高约300米，是世界上最高的建筑。1957年增加了一个电视天线后，其高度增加到约320米。铁塔的塔基由四根巨

P94
这组照片显示了1887—1889年从塔基到顶部的建造过程。

P94-95
从塔基拍摄的照片展示了它的钢筋骨架。埃菲尔是著名的桥梁设计师，他的设计作品遍布欧洲。

P95 下
1957年，在铁塔竣工约70年后，塔顶安装了一个巨型电视天线。今天，埃菲尔铁塔已成为旅游景点，观光者可以乘坐电梯或沿着台阶登上观景台，欣赏城市的风光。

大的弧形柱子构成，共同支撑结构。随着高度的增加，铁塔逐步变细，并被三个观景台分成几部分。塔的整体设计研究并考量了风荷载和风造成的应变。至于为什么采用巨大的镂空空间，是因为建筑表面积太大会对风产生阻力。

铁塔内有台阶和电梯通向三个观景台。第一层观景台有一个餐厅；顶部观景台则有气象台、广播电台和电视转播天线，这里曾是埃菲尔的办公室。

抛开它的建筑形式不谈，铁塔的革命性特点是它被关注的方式：以前，人们通常只从一个方向观察一座建筑与城市环境的关系，而埃菲尔铁塔从巴黎的每个角落都能看到。

The Tower Bridge

伦敦塔桥

英国——伦敦

直到19世纪初，伦敦桥还是英国唯一一座横跨泰晤士河的桥梁。伴随着城市的经济增长，伦敦逐渐成为欧洲的中心，人口急速膨胀。城市的一系列基础设施迫切需要改造和扩建，尤其是连接河流南北两岸的主要交通设施。于是，伦敦西区建起了一系列桥梁。但到了19世纪中叶，当伦敦东区（已经是繁忙的河港）的人口增长时，在东部建起新的交通线路连通两岸就变得至关重要，且新增线路不能干扰河流交通。为此，伦敦1876年成立了“特殊桥梁或地铁委员会”，以负责审批和建造新的渡河方式。委员会收到了50多份方案，1884年10月，城市建筑师霍勒斯·琼斯爵士和工程师约翰·沃尔夫-巴里的桥梁方案最终胜出。

有400多名工人参与这项工程，超过11000吨的钢铁被用于桥梁巨大骨架的建造，然后用科尼什花岗岩和波特兰石进行铺设。琼斯爵士最初的设计使大桥具有中世纪的外观，符合哥特复兴

P96

曾经，想要在伦敦塔附近跨越泰晤士河只能坐船或者通过伦敦大桥，当局迫切需要建造另一条路线。1885年，议会通过了建造伦敦塔桥的决议。

P97 上

塔桥是伦敦的象征，由琼斯爵士和沃尔夫-巴里于1886至1894年设计。泰晤士河中的两个高台作为地基支撑着两座对称的矩形塔。两座哥特复兴式塔楼由高出水面44米的双通道连接，塔内仍然保留着当初用于抬起桥身的原始传动装置。

P97 下左

塔桥是英国建筑工程的骄傲，于1894年6月30日由威尔士王子（即后来的爱德华七世）在他的妻子丹麦的亚历山德拉的陪同下启用。为纪念这一时刻，塔桥被打开以允许皇家舰队通过。那时，塔桥每年开合约6000次，但今天已经很少见了。

P97 下右

桥臂需要大约一分钟才能达到86度的全开位置，蒸汽泵产生的能量被储存在六个巨大的蓄能器中，然后释放给电机。

P98-99
约242米长的塔桥连接泰晤士河两岸。移动的桥臂通过巨大的铰链抬升和降低，同时铰链也将桥臂连在桥基上。

P98 下
支撑塔桥的双塔是维多利亚哥特复兴式风格。塔桥可移动的部分是滑轮设计，而两侧的部分则是悬吊式的。

P99 上
在桥身的各个部位都可以看到用拉丁语书写的伦敦市格言“Domine, dirige nos”（主啊，指引我们），以及圣乔治十字架和圣保罗的剑。

P99 下左和下右
1977年，为纪念伊丽莎白二世的银婚，塔桥原本的深色调被改为更具有爱国色彩的红、白、蓝。

式风格，这种风格当时在英国非常流行，因为它是一种完全不受法国或意大利学院派传统影响的纯英式风格。

然而，当琼斯爵士于次年去世后，沃尔夫-巴里接过了设计任务，他放弃了前者的设计理念，采用了更自由、更有创造性的典型的维多利亚时期哥特式设计。伦敦塔桥最为独特，且在当时非常具有创新性的一点是——它是一座竖旋桥。由于其桥面仅高出水面9米左右，所以桥必须打开才能让水上交通通过，但这一过程只需要90秒。

在横跨泰晤士河的29座桥中，只有塔桥具有可移动结构。不过如今它每周只需开启几次，因为船坞如今大都集中在东部，船只不再需要通过塔桥向西行驶。

在塔桥的北塔中仍然可以看到抬升桥臂的液压传动装置，直到1976年，这些陈旧的设备被电力系统取代。参观南塔，可以看到展示伦敦桥梁历史的绘画收藏。20世纪70年代末，塔桥被重新上色，以庆祝女王伊丽莎白二世的银婚纪念日，原本的深色调被改为更具爱国主义色彩的红、白、蓝。

The Bauhaus

包豪斯

德国——德绍

P100
格罗皮乌斯的原始图纸显示了包豪斯的基本理念：即建造一个具有美学价值的工业建筑。

P101
包豪斯由瓦尔特 · 格罗皮乌斯设计，分为三个独立的建筑：教学楼、工作室和综合楼。钢筋混凝土、可见的钢筋结构、玻璃幕墙等创新材料的使用，以及三栋建筑的有机结合，都透露了格罗皮乌斯的真正意图：在现代建筑中再现文艺复兴时期宫殿的灵活性。

包豪斯是20世纪在建筑、设计和艺术教学领域最具影响力的学院。它1919年成立于魏玛，由建筑师瓦尔特·格罗皮乌斯担任院长。学院的宗旨在于艺术和手工艺的融合，将传统的、服务于贵族的手工艺技能转变为工业化的批量生产。

包豪斯是一个快速变化的时代的产物，当时的主流观念是艺术家可以把毫无艺术感的量产物品变得美好，而包豪斯也成功地把工业产品和艺术创造力融合起来，创作出了工业艺术。

“包豪斯”一词指的是中世纪的建筑场地（Bauhütten），在那里，理论和实践必须统一于一件完整的艺术作品中，即建筑本身。在包豪斯，教师被称为“大师”（master），学生分为“学徒”（apprentices）和“工人”（workers）。尽管这所学校完美地与时代接轨，但它短暂的历史充满了经济困境、政府机构的敌视以及“大师”之间的分歧。

包豪斯经历了三个主要时期，这恰好与其地理位置的变化相对应。1919—1924年在魏玛时的晚期表现主义时期；1925—1930年在德绍，理性主义的期望与此前的表现主义间的冲突是这一时期的特征；1930—1933年从德绍到柏林，则进入理性主义时期。

P102-103、P102下和P103
包豪斯学校在建筑创新方面产生了巨大影响，其内部的设计反映了学校对工业艺术的重视。

德绍阶段是包豪斯学校开始自主发展的时期，此时包豪斯不仅自主决定所教授的课程，还设计了学校自己的建筑。学校的建筑和车间就是在德绍建造的。这个由格罗皮乌斯设计的新中心是一座多功能建筑，供所有在学校工作的人使用。它包括一栋教学楼，一栋有玻璃外墙的车间，一栋连接前两者的包括办公室、图书馆和主任书房的综合楼。

通过各部分独立建筑间清晰的结构划分和布局安排，包豪斯中心的建筑具有很强的可塑性，反映出设计者对不同区域的清晰定义，而对特定材料的使用进一步明确了各独立功能的区分。

格罗皮乌斯将包豪斯中心与文艺复兴和巴洛克建

筑相比较，后两者左右对称的立面围绕着一条中轴线排列；而反映现代精神的包豪斯中心具有三维的特征，并不偏向任何一个方向。因此，格罗皮乌斯很喜欢展示包豪斯的鸟瞰照片。

他也为“大师”们设计房子。房子的位置平面图形成一个“S”形，是由两个“L”形的部分旋转180度组成的。这样，格罗皮乌斯可以运用他的可塑性理论。

与包豪斯建筑一样，室内的摆设都是由学校的工作室设计和制作的。在落成典礼当天，当参观者们首次看到嵌有玻璃幕墙的创新建筑，学生宿舍外带有铁艺栏杆的小阳台，以及仿佛融入彼此光亮的并列墙壁时，他们一定感到非常惊讶。

包豪斯建筑是所有艺术结合的成果，实现了关于生活文化，或者说是生活质量的新思想。

The Pompidou Center

乔治 · 蓬皮杜
国家艺术文化中心

法国——巴黎

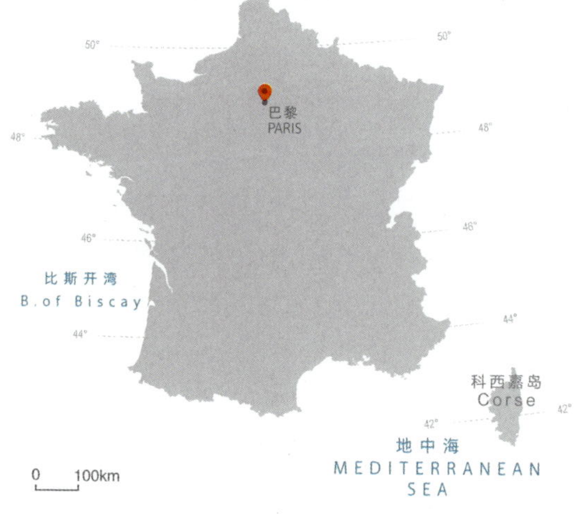

P104

光亮是蓬皮杜中心内部的一个特点，中心为观光者尽可能多地开放区域。它的建筑结构和其中的设备没有被隐藏，而是被展示出来，从而在建筑内外创造出艺术和工业的奇妙融合，形成了“城市机器”的概念。

P105

为纪念法国前总统而得名的乔治 · 蓬皮杜国家艺术文化中心由建筑师罗杰斯和皮亚诺设计。该建筑包括一个现代艺术画廊、一个图书馆和一系列用于临时展览的跨领域的空间。

1971年，法国在其时任总统乔治·蓬皮杜的倡议下举办了一场国际设计竞赛，以设计一个新的、重要的文化中心，将各种艺术学科汇集在巴黎的博堡广场（乔治·蓬皮杜广场）。最终伦佐·皮亚诺和理查德·罗杰斯的设计胜出。文化中心建设工程于1972年4月开始，1977年1月31日落成揭幕。

该建筑位于巴黎的中心，建筑面积约10万平方米，因其不同寻常的外观也常被称为“城市机器”。皮亚诺和罗杰斯的设计取胜的理念在于留白，他们并没有让建筑占用整个场地，而是在入口前面留出一半的空间，作为一个巨大的广场。每天，旅客、参观者、漫画家、街头艺术家云集于此，填满这个空间。

乔治·蓬皮杜国家艺术文化中心设有一个现代艺术画廊和专门用于临时展览和表演的房间。这里还有一个图书馆、一个书画作品展区、一个视频区、一个建筑设计和图纸展区、一个工业设计中心、一个专门研究声学和音乐的机构（IRCAM），以及重建的雕塑家康斯坦丁·布朗库西的工作室。该设计通过创造出一个没有障碍物的开放空间，实现了为实验研究和文化交流提供灵活空间的目标，在这些空间中，设备和器材可以根据需要调整。

清晰和透明是这座建筑另一不同寻常的特征。它由若干面积达7432平方米的巨大“楼板”

蓬皮杜中心南面与一栋后来修建的建筑相呼应。

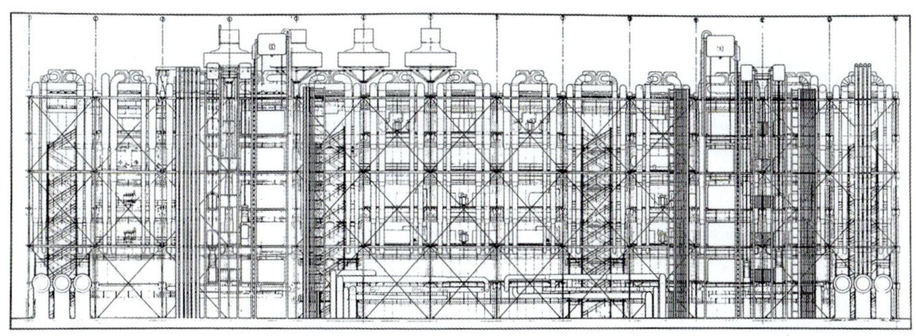

P107 上
皮亚诺的草图显示了蓬皮杜中心的立面图，各个结构错综复杂地纠缠在一起。

P107 中
整栋建筑看上去像一个巨大的工业建筑，由钢梁和彩色管道组成。工厂的管道被染成不同的颜色，以示其不同的用途。

P107 下
巴黎圣母院上的滴水嘴兽似乎在困惑地俯视着远处的蓬皮杜中心。从这里看，中心像一艘正悬挂在船坞管形结构之间的船，正在等待启航。

组成，既没有内部围墙，也没有中间结构，这使得这座建筑可以向城市开放，并成为一个充满活力的聚会场所。不同于此前的建筑，钢架、步行道和各种设备的管道都被开放地呈现在大众面前，由此创造出一种新的美学，体现了博物馆功能性和有机性的统一。

外部可见的大型管道被涂成了不同颜色，每种颜色都与不同的功能相关联：蓝色用于空调管道，黄色用于电缆，红色用于循环管道，绿色是液体管道。尽管它的外观看起来像是一台由金属杆、桁架和精心组装的管道组成的机械，但这座巨大的建筑被设计得像一件工艺品。按照皮亚诺的说法，这座建筑“是一个巨大的模型，是一件手工一点点制作的巨大工艺品”。

这项工程需要极高的精度和技术，特别是与彼得·赖斯一起设计的结构。但建筑师、工程师和建造者的合作使之成为可能，通过对工业产品的再设计过程，他们创造出了富有特色的加强悬臂梁（gerberettes）来支撑外墙。

乔治·蓬皮杜国家艺术文化中心既富有机械感，又有纪念意义，是充满活力的现代都市的典型象征。

Alors, la Chine ?
Signes
des écoles d'art

P108-109
扶梯把观光者从广场带到眺望平台和内部。钢筋和玻璃的使用使其美学概念得以实现（这张照片是很好的实例），这在设计蓬皮杜中心的20世纪70年代是革命性的。尤其是可视的承重结构、外部的走廊和涂色的管子，它们既强调了中心的设计目的，又与建筑的实用性有机结合起来。

P109上、中和下
中心的外面排列着步行道、透明画廊和公共看台，这里视线绝佳，可以眺望博堡周围和巴黎。

The Louvre Pyramid

卢浮宫玻璃金字塔

法国——巴黎

P110 左
为了达到几何学的对称，建筑师贝聿铭在大金字塔下建了这个倒金字塔，正对着一个同样形状的实心小金字塔。

P110 右
金字塔的内景显示出建造它的原因——博物馆需要一个更有效的途径将公众分流至博物馆的不同部分。

P111 上
金字塔建于卢浮宫的拿破仑庭院，它只是一个更大的地下扩建项目中可见的一小部分，该项目旨在使博物馆更便于公众使用。

P111 下左
美籍华裔建筑师贝聿铭遵循瓦尔特·格罗皮乌斯的理念，设计了许多创新的建筑，包括柏林的德国历史博物馆新馆。

P111 下右
照片是玻璃金字塔施工过程中的某一时刻，工程分为两个阶段，金字塔是在第一阶段建造的，当时遭到了强烈的批评。

巴黎的卢浮宫博物馆建于1793年，它位于富丽堂皇的法国王宫中，收藏了大量的艺术藏品。20世纪80年代，卢浮宫进行了一次扩建和改造，以适应日益增多的游客。

建筑师贝聿铭将扩建工程分为两个阶段（1987年和1993年），最终完成整个“大卢浮宫计划”（Grand Louvre）。著名的玻璃金字塔建造于第一阶段，它矗立在拿破仑庭院的地下室上方。两侧由小金字塔拱卫，通透的结构使光线直达下方连接博物馆侧翼的中庭。

卢浮宫的扩建使客流更容易分流到博物馆的不同地区，并为人们提供了一系列便利的服务设施，如信息中心、多个分检票台、图书馆、休息室、衣帽间和礼堂。

玻璃金字塔连同环绕其周围的小金字塔是这个大型地下空间中唯一地上可见的部分。透过玻璃表面可以看到的金字塔的细钢筋结构与金字塔前的喷泉结合，形成了一个动态而富有表现力的景象。

将金字塔简单地视为中庭的采光井是不公平的。它是一个参照物，一个衔接历史和现代的视觉地标。

选择完全通透的金字塔结构是建筑师深思熟虑的结果，因为其形状代表了纯粹和本质的理念，与卢浮宫宏伟的立面完美匹配，同时避免了两者之间的比较。

P112-113
在晚上，金字塔的玻璃结构变成巨大的天窗，主金字塔和较小的附属金字塔的美学效果可以看得更清楚。

The Guggenheim Museum

古根海姆博物馆

西班牙——毕尔巴鄂

古根海姆博物馆是毕尔巴鄂市文化与城市振兴的建筑和图像符号。这座建筑是巴斯克自治区政府和古根海姆基金会战略利益交汇的结果，前者试图通过它重建政府形象和城市地位，而后者的目的是为研究和艺术创造提供支持。

“建造这座博物馆就像建造巴黎圣母院一样。巴黎圣母院和中世纪的其他所有大教堂都被建造成为城市的焦点，对那些围绕它们发展起来的城市来说，它们承担了城市中心的功能，在宗教建筑的象征意义上更是如此。”这是建筑师弗兰克·格里对这座教堂的世俗见解和概念的阐述。

P114 上
设计师格里在加利福尼亚州圣莫尼卡市的家，是他依靠解构主义设计的第一个实例。

P114 下
1999年，路易丝·布儒瓦创作的一个名为《母亲》（*Maman*）的巨大蜘蛛雕塑被放置在古根海姆博物馆前的广场上。这座雕塑由青铜和钢铁制成，唤起了艺术家对母亲的印象——她既是母亲，也是一个性格可怕的生物。

P115 上
毕尔巴鄂的古根海姆博物馆被看成是当代艺术的“展览机器”，它本身也是一件艺术作品。

P115 下左
古根海姆博物馆的设计基础，是对建筑外形的戏剧性特质的一次试验。

P115 下中
在这个占地约11000平方米的博物馆中展出的作品，因不同寻常的流畅分布方式而增强了表现效果。

P115 下右
大型艺术作品在巨大的展室中拥有充裕的空间。

古根海姆博物馆于1997年完工，它以独特的、雕塑般的造型高耸于内尔维翁河左岸，建筑轮廓在城市景观中犹如一艘船。博物馆在水中放大的倒影反射出不同色调的天空，在风的吹拂下显示出不同寻常的柔软形状，因为博物馆表面薄薄的钛板的缘故，看起来格外有活力。钛板像鱼鳞一样排列着，与玻璃、钢筋墙以及光滑的米色石块幕墙交织在一起，形成独特的组合。

设计这样一栋建筑，复杂性在于它的形式和空间概念的绝对自由（这是格里大部分作品的特色），曲面的延伸是它鲜明的特征，这些设计是通过引进航天工业中使用的先进的计算机化设计系统实现的。

P116-117
古根海姆博物馆柔和、倾斜的线条是由航天工业中使用的复杂设计系统设计的。

P116 下
古根海姆博物馆有一个礼堂、一个餐厅和各种商业与行政区域。

P117 上
博物馆内部的实验性的布局以巨大的展示空间而著称。

P117 下左
古根海姆博物馆将立体主义和未来主义中扭曲、多面的线条形式与现代设计相结合。

P117 下右
引人注意的外观与素净的内部相对应，鼓励人们对展品进行思考。

出人意料的建筑体量和多种多样的轮廓反映了设计师的创作天赋，他说：“我认为博物馆建筑必须臣服于艺术品，但是听到我这一观点的艺术家们却说：‘不’。他们想要的是一栋能被人欣赏的建筑，而不是一个素净的容器。”

在建筑内部，人们的目光从巨大的中庭自由地游移到两翼和巨大的画廊。自然光从上方和玻璃墙上倾泻而下。展示区域约11000平方米，分布于19个规则或不规则形状的画廊之间，从外面可以通过这些画廊的石质立面和蜿蜒的金属边认出它们。

各种当代艺术作品的尺寸和形式并不总是与传统的展览空间相适应，现在这些作品被展示在这个巨大的画廊中，仿佛让某种巨型雕塑重新进入了人们的视野。

外部的弧形表面排列着33000块像鱼鳞一般的钛金属板，它们在阳光下产生迷人的彩色效果。

The Reichstag

德国国会大厦

德国——柏林

P120左和右
旧国会大厦在纳粹时代及之前是德国的政治中心。它是一座严谨而精致的19世纪建筑。福斯特重建时尽可能保留了原有的结构，并增加了明显的现代元素，如由玻璃和钢筋构成的穹顶。

德国这栋政府机构建筑的重建由诺曼·福斯特爵士负责，他密切关注德国统一之后的社会和政治变化。最终，这栋采用先进技术建造的大厦成为新柏林天际线的标志。

19世纪时，德国国会大厦被第二次世界大战和接连发生的历史事件摧毁。在拆除过程中，旧的建筑结构显现出来，上面承载着某些重要的历史痕迹。福斯特对此评论说：“我们过去认为，面前这栋建筑的象征意义的改变对当代德国人几乎毫无意义，因此最简单的处理方式就是拆除旧国会大厦，再在现有的框架上建造一栋现代建筑。但我们越深入了解这栋建筑，就越认识到历史仍在其中回荡，我们无法简单地把它抹去。”因此，福斯特决定保留原先的结构，并将其所代表

P121 上
灯笼状的穹顶的窗户倒映出国会大厦四座方塔中的一座。这栋建筑既是国会议院，又是旅游景点，在现代柏林占有重要地位。

P121 下左
屋顶上的巨大玻璃穹顶与1894年建成的最初的穹顶一脉相承，它使参观者能够全方位地欣赏到柏林的壮丽景色。

P121 下右
二战结束后的1949年，西德首都迁往波恩。尽管如此，1956年西德政府仍决定修复国会大厦，而非拆除它。

P122-123
“光雕塑家”如同灯塔：在白天，它吸收来自外部的光，并利用可调节的镜子系统将光反射到内部；而在晚上，这一过程将逆转过来，令穹顶变成灯光雕塑，使人们在柏林的任何地方都能看见它。

P122 下
统一后的德国国旗在国会大厦的一个方塔上飘扬。议院于1999年4月迁入新国会大厦。

P123 上
议会大厅使用“光雕塑家”提供的自然通风系统换气。

的不同历史层次展现出来。新的设计在过去和现在之间、在巨大的原始结构和新的透明穹顶之间展开对话。

这栋建筑中所有的政府活动都是可参观的，所以选民或游客能够观察到众议院的工作情况。国会主要位于一层，二层是总统和内阁的办公室，三层则设有政党会议室，休会期间也会用作职工的通道。

公众还可以参观办公楼层之上的屋顶平台，那里通向餐厅和穹顶。由钢筋结构和玻璃幕墙建成的灯笼状的新穹顶（高约23.5米，直径约40米）很快成了新柏林的象征。穹顶内部有两个螺旋形斜坡，使游客可以从上面观察国会，这一特点具有明显的象征意义，即公民直接参与政治生活。穹顶是建筑的基础结构，向外界传达出明亮、透明和通透的寓意。事实上，它也是公共领域的一部分。

穹顶对国会大厦内能源和光线的利用也至关重要：这个未来主义风格的结构的核心是“光雕塑家”（light sculptor）——一个底部直径约2.5米，顶部直径约16米的倒置锥体，由360面镜子精心拼接而成。这个锥体具有非常重要的技术性和结构性功能，它在福斯特诗意的创造中扮演了重要的角色。“光雕塑家”实质上是一个倒置的“灯塔”，它吸收了穹顶外部的自然光，并将其传输到下方的议会大厅。同时，一块自动化的移动幕布会随着阳光的角度变化自动控制和调整进入穹顶的热量和阳光，防止室内温度过高或阳光直射。

这一过程会在夜间反向进行：议会大厅中的人造光会向外反射，照亮穹顶，就像灯塔一样，令身在柏林的人都可以看到。除了对内部照明至关重要外，这个倒置的锥体对国会中使用的自然通风系统也具有决定性的作用。

国会大厦是一个可持续发展建筑的典范，它在节约能源的同时保持了高度的舒适性。它反映出建筑师密切关注如何提升建筑的内部环境质量，而建筑的内部环境与我们的生活质量以及我们在公共或私人环境中的日常活动紧密相关。

诺曼·福斯特爵士一直小心关注该建筑的社会性，在把建筑提升到公众艺术层面的同时，又保持了对社会文化和思潮背景，以及公众需求的敏感。

P123 中
图中是1999年4月19日的新国会大厦落成典礼。游客可以看到头顶上方建筑顶部的天窗。

P123 下
360面镜子在穹顶中心呈倒置的锥体排列（被称作“光雕塑家”）。这张照片显示了一部分镜子。

The City of Arts and Sciences

艺术科学城

西班牙——巴伦西亚

艺术科学城由著名的建筑工程师圣地亚哥·卡拉特拉瓦设计，矗立在距离巴伦西亚市中心约5000米处。它建在一块位于图里亚河的旧河床和高速公路之间的长条地带上，并被两个十字路段分成三部分。

艺术科学城的北区是索菲亚王后艺术歌剧院，南区是海洋水族馆，中心部分则是天文馆、菲利佩王子科学博物馆（以下简称“科学博物馆”）和入口通道。入口通道是一个开放式结构，名叫“长廊”（Umbracle），其中有一条平行于建筑群主轴的覆盖着植被的小路。“长廊”长约107米，宽约21米，看起来就像一个温室，装饰着55个固定的拱门和54个18米高的可移动拱门。这个超轻结构的下面则是一个大型停车场。

通道的对面是天文馆。这个椭圆形的结构有一个巨大的贝壳形外壳，可以通过一个由金属和平板玻璃制成的复杂机械系统自上而下打开。外

P124 上
天文馆的长廊环绕着半球形的房间。

P124 下
索菲亚王后艺术歌剧院位于艺术科学城北部。

P125 上和下
天文馆充满现代感的独特椭圆形外壳由金属和玻璃板构成，其内部包含着一个完全由钢筋混凝土建成的半球形的内室。

P126-127
科学博物馆由一个独创性的阶梯状的长廊、独特的肋形屋顶和由玻璃与钢筋制成的立面组成，这增加了建筑的亮度。巨大的白色混凝土门拱支撑着整个结构。建筑平面整体呈长方形。

P126 下左
卡拉特拉瓦的模型显示了场地中各建筑顶部的设计。

P126 下中
巨大的玻璃和钢框窗户为科学博物馆令人惊叹的拱形结构增加了美感。

P126 下右
巴伦西亚的科技馆是基于互动性而设计的，其设计理念就是要让公众参与其中。

P127 上
俯瞰正在建设中的整个场地。

P127 中
照片中是入口的大道。这个轻巧的门廊名为“长廊”，长约320米，宽约64米。

P127 下
长廊的内部有上百个拱顶，看起来犹如一个温室。

壳由倾斜的拱形结构支撑，内部容纳了由钢筋混凝土制成的半球形天文馆内室。

沿着主路继续前行便来到了索菲亚王后艺术歌剧院。卡拉特拉瓦设计的这座雕塑式建筑作为一栋技术先进的基础设施，被用于古典和现代音乐的演出。这栋现代而高效的礼堂矗立在道路尽头，迅速成为城市风景的标志。

天文馆之后的长方形建筑是科学博物馆，其外观是对横截面的模块化重复组合。这栋建筑中有一个面积约30000平方米的展厅专用于展示科学和技术相关内容。露台和夹层则专门用于展出一些希望参观者能够亲身参与，而不仅仅是观看的特定主题内容。一系列10米宽的混凝土拱门横跨房间。巨大的肋形屋顶的立面由玻璃和钢筋组成，可以看到花园，建筑南侧有一组白色混凝土拱形结构作为防护。

P128 上
仅使用一系列小灯照明，支撑着科学博物馆的外部拱形结构使黄昏的最后一缕微光得以穿过建筑。

P128 中
夜晚的光影仿佛令天文馆和科学博物馆变成了有着透明外壳的奇异史前生物。

P128 下
天文馆的外壳可以由一个复杂的金属和玻璃组成的机械装置自上而下打开。

P128-129
内含天文馆的巨大的混凝土半球体像是一个含着珍珠的贝壳。这张照片展示的是它在水池中的倒影。

在主轴线的另一端，艺术科学城南部区域的建筑群是海洋水族馆。

海洋水族馆的不同场馆沿着人工湖岸排列，通过人行道和小路相连。在地势最低处有水下通道和斜坡。在外观各不相同的各个场馆中，最突出的是地中海展馆和巨大的海豚馆，其轻盈的双曲线结构寓意着海洋生物起伏的外形。

卡拉特拉瓦作品的基础是亮度和通透性，以及掌控建筑结构的力量。在艺术科学城，这位西班牙建筑师通过用水环绕他的建筑进一步发展这些主题。以这种方式，这些充满张力的建筑好像漂浮在水上，建筑的光线的吸引力成倍提升。

P129 下左

艺术与科学城是新巴伦西亚的象征。这个极具吸引力的建筑于2003年开放，重新推动了旅游业，并再次树立了这座西班牙城市在新千年中的角色。

P129 下右

白色混凝土的使用，以及将几乎所有部分都涂成白色的决定为建筑带来了现代感和亮度。外部的一系列横向门拱、阶梯和夹层与内部相连，进一步增加了结构的亮度，并与其他建筑和谐相融。

The Jewish Museum

柏林犹太博物馆

德国——柏林

柏林犹太博物馆位于城市巴洛克风格的中心地带，由解构主义大师丹尼尔·李布斯金设计。该博物馆的建立是为了保存见证犹太民族遭受迫害的文件和文物。它独特的闪电状外形像一颗扭曲的六芒星（犹太教标志），其矗立的位置是犹太知识分子曾经工作过的各个地区在城市地图上的交汇点。柏林犹太博物馆是一座封闭感很强的建筑，它没有直接的入口，基本与外部隔离。要进入这座博物馆，必须先进入旁边的博物馆旧馆，然后通过一条地下通道到达。

馆内柔和的间接光照不是来自窗户，而是通过内衬锌板的建筑外墙上一系列像伤口一般的口子照射进来，烘托了馆内的氛围。

进入博物馆后，参观者将看到三条环绕着博物馆的路线。第一条是蜿蜒的小路，沿途展示着自罗马时代以来德国犹太人的历史文件；第二条路通向大屠杀纪念塔，那是一个高约12米的近乎完全封闭的空间，只在高处留了一条狭长的窄缝，在这个空间里是看不到外

P130和P131下
博物馆的内部和其外观一样引人注目。简单空旷的房间沿着三条参观路线排列，共同展示了犹太人历史。照片中的两条路分别通向大屠杀纪念塔和应许之地，这两个地方更像是精神体验的空间，而不是冰冷的纪念馆。

P131 上
这栋引人注目的闪电形建筑是由丹尼尔·李布斯金设计的。

P132-133
博物馆的窗子就像伤口，暗示了犹太人大屠杀的痛苦经历，参观者在接近这栋建筑的那一刻开始，就能感受到这一点。

P133 上
李布斯金没有给建筑设计直接的入口。要进入柏林犹太博物馆，参观者必须经过隔壁的博物馆旧馆。

P133 下
这座解构主义风格的博物馆位于柏林巴洛克建筑风格的市中心。

面的，所以参观者甚至不知道自己身在何处；第三条路通向“应许之地”（代表《圣经》故事中上帝许诺赠给犹太人的土地），道路的尽头是一片倾斜的地面，上面竖着49根混凝土立柱，立柱的顶端种植着象征希望的橄榄树，中间的一根使用了来自耶路撒冷的泥土。

柏林犹太博物馆落成后立即就成为柏林客流量最大的地点之一，来此的既有旅游者，也有城市居民。这座独特的博物馆可以让犹太社区重新发现他们的历史和文化传统，同时也将自身推向艺术体验的前沿。

The Auditorium Parco della Musica

罗马音乐公园

意大利——罗马

建筑大师伦佐·皮亚诺设计的这座音乐公园是罗马过去几十年来最非同凡响的项目之一，它已成为经济、艺术和传媒方面的成功典范。

罗马音乐公园主体由三栋单独的建筑组成，每栋建筑都代表着一件乐器，它是永恒之城——罗马的又一次发展，通过将一个巨大的空旷地区变成一个完美组织的空间，罗马的城市建设更加完善。

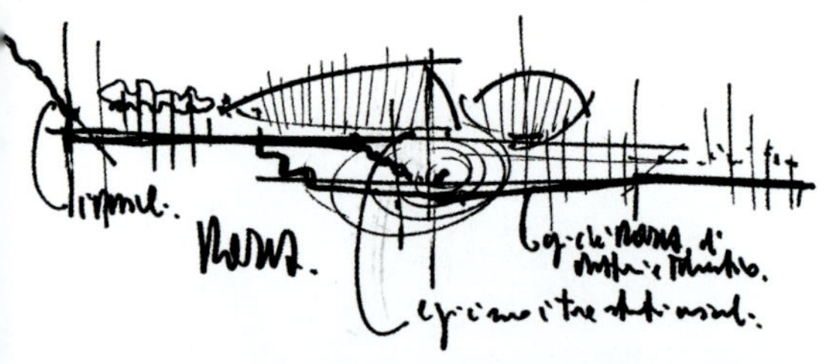

罗马音乐公园占地约3.2万平方米，园内有树木约400棵，已成为新的城市景观。

郁郁葱葱的植被环绕着圆形的露天剧场，这座剧场也是整座公园设计的中心，在这里举行舞台表演或音乐会最多可容纳3000名观众。圆形剧场周围有三个音乐厅：用于管弦乐的圣赛西莉亚厅（2700个座位），用于室内乐的西诺波利厅（1200个座位），用于现代和实验音乐的彼得拉西厅（700个座位）。

P134 上
伦佐·皮亚诺绘制的草图清晰地表达了他的想法：建造三个独立的大型空间，以便达到最佳的声学效果和音质。它们代表了建筑和音乐的完美融合。

P135 上
圣赛西莉亚厅是罗马音乐公园中最大的一栋建筑，可以容纳2700名观众，它是专为管弦乐演奏而设计的。室内材料的选择和空间的形状共同营造了近乎完美的声学效果。

P135 下
罗马音乐公园的木制模型清楚地显示了三个巨大的圆顶建筑，那是专门用于管弦乐、室内乐和现代音乐的礼堂。

各建筑的独立布局有利于提升它们的声学效果。

三座大型音乐厅（在伦佐·皮亚诺眼中代表着乐器）的设计，包括屋顶覆盖层上的铅衬，让人觉得仿佛身处当代音乐教堂。

建筑和音乐的结合使许多技术特点应运而生，对声学的仔细研究和恰当的材料选择让音乐厅产生近乎完美的音质。

屋顶由长的木制板状横梁支撑。每个音乐厅中都内衬了美国樱桃木板，其物理特性是优化声学效果的理想选择。

所有音乐厅都安装了录音设备，其尺寸和空间属性各不相同。

挖掘地基的过程中，人们发现了一个罗马别墅地基，因此对音乐厅最初的设计方案进行了修改。伦佐·皮亚诺决定将废墟作为设计的一个特色，并将其融入其中一个大厅的休息厅中。

除了三个“大音箱”和圆形剧场外，这个建筑综合体还包括一个乐器博物馆、一个图书馆、众多办公室以及一系列服务、商业、娱乐和展览空间。

音乐厅布置的灵活性使得歌剧、室内乐、巴洛克音乐、交响乐和戏剧可以上演。这些音乐厅从内到外的设计，每一个细节都体现了工匠特有的精神和细致。

P134下和P136-137
三个音乐厅的外观像巨大的贝壳，内衬铅层，由木制板状横梁支撑。音乐厅尺寸各异，但都有“音箱”的特质，即拥有绝佳声学效果。

The Swiss-Re Tower

瑞士再保险大厦

英国——伦敦

P138

瑞士再保险大厦有41层，呈雪茄形，是诺曼·福斯特最具灵感的设计之一。

P139 上

瑞士再保险大厦高约180米，这个高度在遍布中等高度建筑的伦敦独占鳌头。大厦的主体是办公用的写字楼，还有一个商业区、一个有顶广场和各种商店。

P139 下

大厦平面呈放射状布局，与周围方形或长方形平面的摩天大楼不同。

诺曼·福斯特设计的瑞士再保险大厦位于伦敦金融城中，这是一座造型奇特的建筑，它有41层的办公区和一个与广场连通的商场。这座符合空气动力学原理的摩天大楼与周围的城市景观形成了一种不同寻常的“对话”，并在附近同等大小的长方形塔楼的衬托下显得更加纤细。产生这种效果的主要原因是大厦建筑外层的曲面减少了反射，提升了建筑的透明度。

大厦底层的高度是标准高度的两倍，是一个设有长椅、咖啡馆和商店的有顶广场，用于公共使用。该设计在技术和环保方面都具有创新性，使用了自然通风系统。新鲜空气从包层的通风槽进入，通过压力差自然分布到整栋建筑。室内的空气可以作为热源循环使用，然后再排出。这个高

P140 上

由横梁框架支撑的玻璃板顺着建筑的曲面铺设，产生一种透明的效果，在阳光充足时尤其明显。自然通风系统的通风槽分布在包层周围。

P140下左、下右和P140-141

照片显示了大厦建造过程中的三个时刻。下右图中我们可以看到其纵向的弧度，建筑的最大直径不在底部，而是在26层。随着高度上升，建筑逐渐变细、变轻，创新材料和技术的使用使得看起来不可能的建筑结构得以实现。

效的系统意味着这栋建筑可以在一年中的大部分时间减少空调的使用，从而节约能源。

大厦的平面呈放射状，外围为圆形。这座建筑的新颖之处在于它引起了对典型的垂直建筑结构的质疑。每一层都在下一层的基础上略微旋转，形成一个上升的螺旋。这座不同寻常的建筑内部有一系列的悬空花园（它们也遵循螺旋曲线）面对相邻的房间。

从大厦内部眺望城市，“玻璃温室”创造出不同寻常的景观视野。而从外部看，这些房间分解了大厦这个庞然大物，允许观察者看到内部。

这栋“对生态负责”的建筑的重要品质在于，它优化了用户的可用区域，鼓励人们使用公共空间。

第二章

非洲 AFRICA

"埃及文明已经终结了一千多年了，但我们仍旧被它的存在主义主题深深打动：包括它的归属地，它的生命、存在和时代。"当现代人看到宏伟的埃及建筑时，建筑史家克里斯蒂安·诺伯格-舒尔茨的话掷地有声。

在7世纪，古埃及文明随着古埃及王国被阿拉伯人征服而结束，我们对于古埃及及其辉煌成就的了解来自希腊文献，以及精通希腊语言的旅行者和学者的记述——这些人在基督教、拜占庭统治者和阿拉伯征服者改变埃及之前到访过那里。

斯芬克斯像与金字塔。

塞卜拉泰剧场一侧。

直到1798年拿破仑远征埃及，被黄沙掩埋的废墟开始出现在与拿破仑同行的考古学者和科学家的日记中。远征报告激发了欧洲人的“同情心”，他们对科学的兴趣和对异国情调的迷恋交织在一起，而埃及建筑符合当时新古典主义风格的审美情趣。早期的考古行动为欧洲各大博物馆收藏埃及古代文物奠定了基础。1822年，法国学者让-弗朗索瓦·商博良成功破译了古埃及的象形文字，并与拿破仑远征时发现的罗塞塔石碑上的希腊和埃及文字进行了对比研究，得益于此，埃及学和考古学研究能够更好地了解保存下来的文献材料和重要的考古学遗产。

且不提埃及旧石器时代和新石器时代几千年的历史，早期的人类定居点集中分布在尼罗河沿岸和绿洲地区。农业是在公元前3000年左右的人类早期历史阶段发展起来的。埃及人居住在尼罗河三角洲洪水水位以上的地区，他们在肥沃的平原上劳作，并与居住在东方的人们进行贸易。在三角洲南方和努比亚地区，村庄沿着尼罗河两岸排列，河流为人们提供了便捷的交通方式。村庄发展成城市之后，这块地域被划分为两块，分别由南北两个王国管辖。随后，南部的统治者成功统一了两个王国，建立了他们的政治权威、行政管理体系，特别是文化模式。埃及学者西尔维奥·库尔托指出，在3000多年的文明长河中，法老、托勒密王朝统治者以及后来的罗马皇帝都把自己塑造成“为社会带来统一的神的化身”。公元前4世纪的埃及祭司和历史学家曼涅托把法老的历史分成三十一个王朝（公元前2850—公元前333年），之后是托勒密王朝（公元前332—

· 亚历山大图书馆。

公元前32年）和罗马时期（公元前32年—公元394年）。

古埃及建筑以简洁的几何设计为主，它们似乎与尼罗河的和谐景色融为一体。尼罗河是这个国家的主轴，它从南向北流淌，与太阳自东向西移动形成的副轴相交。河流两岸肥沃而适宜耕种的土地被整齐地划分成农田，一直延伸到点缀着山脉和绿洲的沙漠边缘。金字塔的立体形状、神庙的轴线设计、岩窟神庙的规律性界定了自然空间，也被自然空间所界定，并代表了河流地区的景观。在这种和谐的组合中，空间的正交布局和建筑的轴向基础被用来“创造一个持续的、永远合理的空间”（诺伯格-舒尔茨）。这种稳定性一定程度上也会受单个元素的分布变化影响，诸如飞檐和装饰，尤其是被装饰以荷花、纸莎草和棕榈树图案的不同形状的立柱。此外，这些装饰也可以通过浮雕赋予特定建筑个性。建筑形式的发展更多的是对同一灵感的持续再创造，而不是创造新的类型。

金字塔是实现“赋予建筑作品固定、抽象的秩序”这一原则的典范，其紧凑的主体在垂直和水平方向上达到了平衡，轮廓清晰的边缘更是十分醒目。金字塔作为一种代表永恒的形式，其庞大的规模和人们对陵寝建筑的重视，成为法老希望死后永生的愿望的具现化。这类神庙建筑具有许多象征意义，诸如入口塔门的结构及其与象形文字的关系暗示着宇宙和谐（塔门被看成是“天国的入口”）；通往建筑中心的路线逐渐变窄，象征着“永恒的轮回”。埃及文明的各个方面都弥漫着象征主义，如同文化史家曼弗雷德·鲁克尔对埃及文化的评价：“其所有象征意义都是基于这样一种假设，即事物之间是相互关联的，而且微观世界和宏观世界之间的关系是可以直观感受和看到的。”

在拉美西斯时期的辉煌之后，由于利比亚和埃塞俄比亚王朝统治下的国家政体逐步分裂，古代埃及难以言喻的光华发生了变化。公元前4世纪末，希腊人在亚历山大大帝的带领下来到埃及，在法洛斯岛前建立起亚历山大城。依照古希腊作家普鲁塔克的记述，屋大维对聚集在亚历山大城体育馆的市民发表了一次演讲，他在演讲中表示，他希望拯救城市免于毁灭，因为这座城市的壮丽与富饶令人惊叹。埃及是最后一个臣服于罗马政权的希腊化国家（政权、风俗等方面受希腊影响的国家），在阿克提姆战役之后，马克·安东尼和克里奥帕特拉（公元前31年—公元前30年在位）从政治舞台上消失，埃及成了罗马的一个行省。

伯斯科雷亚莱考古遗址发现的一个银制圆盘（现存于卢浮宫）上有一个头戴大象头饰的女性半身浮雕，其中躯干和象牙清晰可辨。女性左手拿着象征土地肥沃的“丰饶角”，右手用她的裙摆兜着水果和麦穗。在庞贝古城（梅南德宅邸）的壁画上，以及西西里岛阿尔梅里纳广场别墅遗址的马赛克图案上都有类似的女性形象，这些女性形象被涂上了颜色，她们的肤色都很深。这三个女性都是非洲的化身，对罗马作家来说，“非洲”指的是地中海的南岸，但并不总是包括埃及。

这块大陆的罗马化过程经历了漫长的战争、征服和自愿的归附时期，其特征是东部受希腊文化影响，西部受到腓尼基-迦太基文化的影响。在自愿归附时期，各个独立的王国成为罗马帝国的附庸，并入罗马行省。

公元前146年迦太基被打败之后，罗马人在非洲建立行省，即“Aproconsular”（意为属于地方总督的），以表明其管理的类型，它包含了被罗马征服的迦太基土地。公元前46年，凯撒在塔普苏斯战胜庞培军队之后，支持庞培的努米底亚王国也成了新建立的“阿非利加行省”的一部分。因此，在屋大维统治时期，努米底亚王国的萨布拉塔也像其他重要城市一样，从腓尼基-迦太基商业中心转变成罗马城市。在2世纪下半叶，萨布拉塔作为殖民地，按照标准的罗马城市平面图进行了布局，建起了具有公共、宗教和娱乐功能的建筑。萨布拉塔的没落始于4世纪和5世纪的异族入侵，在7世纪和11世纪阿拉伯人入侵后，城市最终被遗弃（6世纪查士丁尼一世统治时期有过短暂的复兴）。

公元642年，阿拉伯帝国哈里发欧麦尔一世军队的指挥官阿慕尔·伊本·阿斯经过几个月的围攻征服了亚历山大城，这座城市的命运从此改变。从它的废墟中隐约可见古代作家描绘的世界大都会的辉煌和皇家宫殿的华丽建筑。建在海边的亚历山大图书馆则“化身为一个超现实的梦境——可能存在或曾经存在过一个地方，收集了全世界所有的书籍”。据历史学家卢恰诺·坎福拉记录，该图书馆毁于一场大火——火焰是“所有时代书籍的灾难”。

The Pyramids of Giza

吉萨金字塔群

埃及——开罗

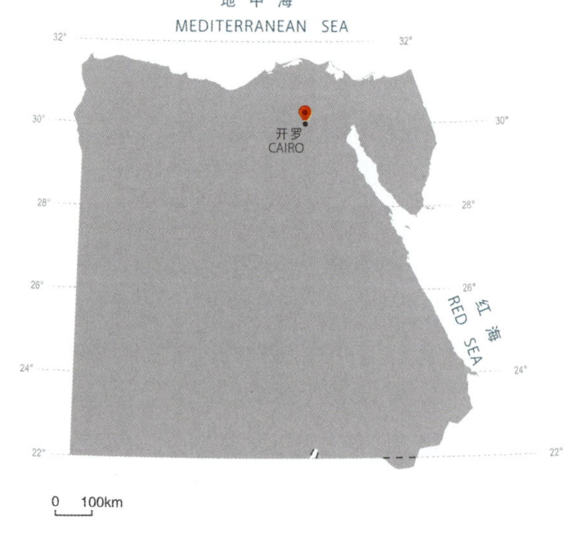

吉萨考古遗址所在地曾是尼罗河西岸一个阿拉伯原住民城市，现在属于大开罗区，这是古埃及最著名的遗址，也是世界上最富丽、最鼓舞人心的遗址之一。自1798—1800年拿破仑远征埃及并进行科学考察以来，人们就一直在这里研究，并在20世纪上半叶对其进行了详细的勘察。该遗址因其金字塔奇迹和令人不安的斯芬克斯像（即狮身人面像）而享有盛名。“斯芬克斯”在阿拉伯语中的意思是“恐怖之父”。

地球上的诸多工程中，只有这些为保存法老遗体而修建的陵墓如此强烈地表现出永恒的感觉（但是，在墓室中并没有发现法老的遗体，只有空荡荡的残破石棺）。

金字塔庞大的体积有双重作用：除去它们无可置疑的震撼效果之外，巨大的尺寸令它们高高矗立在无垠的沙漠之中，无法被人忽视。

吉萨金字塔群中三座最大的金字塔属于埃及第四王朝的法老们——胡夫、哈夫拉和孟卡拉，这三座金字塔是公元前2590至公元前2506年建造的三个相互独立的墓葬建筑群的核心建筑。每个建筑群还包括位于各自东边的一座祭殿，运河边斜坡底部的第二座神殿（运河把尼罗河水引到建筑群），为王后们修建的较小的金字塔，以及埋葬皇家舰队船只的巨大的陪葬坑。金字塔是由重达15吨的石块建造的，表面原本还有一个外层，但历经千年，表层的石块被搬走用于其他建筑，最终金字塔的总体高度降低了。

最大最古老的墓葬群是法老胡夫的墓。其大金字塔高约146米（今约为137米），基部每条边长约230米，主导着周围的一系列祭祀和附属建筑。这些建筑的布局非常有规律，似乎是城市规划师的杰作。胡夫金字塔被列为世界七大奇迹之一当之无愧，它是最古老的，也是唯一一个几乎完整保存下来的遗迹。

根据公元前5世纪的古希腊历史学家希罗多德的记载，胡夫金字塔耗费了埃及人30年的时间才修建起来；他的儿子哈夫拉所建的金字塔同样如此，虽然其规模略小（高约137米，边长约211米）。孟卡拉是三个统治者中最受爱戴的，因此他那座小得多的金字塔（高约66米，边长约108米）没有遭到侵扰。

然而，整个考古遗址中最令人惊讶的建筑是斯芬克斯像。哈夫拉用他金字塔后面的一座岩石山（部分用石块填充）雕刻了这座石像。斯芬克斯像高20米，长57米，拥有狮子的身形和法老的头像。

这个具有象征意义的神秘建筑面朝东方，这源自对太阳神阿图姆的崇拜，这一信仰发源于古埃及圣地赫里奥波里斯。斯芬克斯像的作用是看守身后胡夫的永眠之地，它的脚下建有一座祭殿，称为斯芬克斯神殿。

在古埃及的古王国时代末期（公元前22世纪），王室陵墓首次遭到侵扰，而在中王国时代（公元前21世纪—公元前18世纪），它们被人们遗忘。直到公元前16世纪—公元前8世纪的新王国时代，斯芬克斯像的发现令整个墓葬区重新流行，并成为人们自发的崇拜对象。

P146
胡夫、哈拉夫和孟卡拉建造的金字塔已经与不断拓展的开罗城相接。孟卡拉金字塔南边有三个“卫星金字塔”，最右边的一个是为国王的妻子卡蒙罗内比蒂二世建造的。

P147 上和下
失去了12层石块组成的外层，胡夫金字塔（下）的顶部就像一个边长约10米的四方的平台。而哈夫拉金字塔（上）仍保留着它的尖顶和近四分之一高度的外层。

P148 上
虽然缺少了鼻子、额头上的蛇形装饰以及假胡须，但斯芬克斯像的外形仍旧魅力无穷。

P148 中左
胡夫金字塔的外层已经磨损，其表面显示出建造连续三角形平面的完美建筑技术。

P148 中右
胡夫金字塔墓室的入口非常狭窄，后逐渐变宽形成一个长47米、高8米的向上倾斜的通道，上面覆盖着人造穹顶。

P148 下左
图特摩斯四世的石碑矗立在斯芬克斯的双脚之间。它记录了国王梦见巨大的斯芬克斯因长期被遗弃而哭泣，后下令进行修复工作的事，因此也被称作“梦之碑”。

后来，这种崇拜变成官方的，神祇的身份被确定为“Har-imkhet”，希腊人称其哈马奇斯（Harmakis）。由于这一重新燃起的兴趣，建筑区域采取了第一次“维护”行动（这个区域不断地被黄沙淹没），正如放置在斯芬克斯像前爪之间纪念图特摩斯四世的石碑所告诉游客的那样。

P148 下右
斯芬克斯像的建造采用了两种技术：身体部分由一整块岩石雕刻而成，双脚和部分头部则用当地的石块刻成。

P148-149
吉萨的斯芬克斯像面部是法老哈夫拉戴着头饰的样子；其面部仍留有用于装饰的红色涂料印迹。

P149 下
照片中部的斯芬克斯像位于连接河谷庙和上游神庙的通道右侧。

Karnak Temple

卡纳克神庙

埃及——卢克索

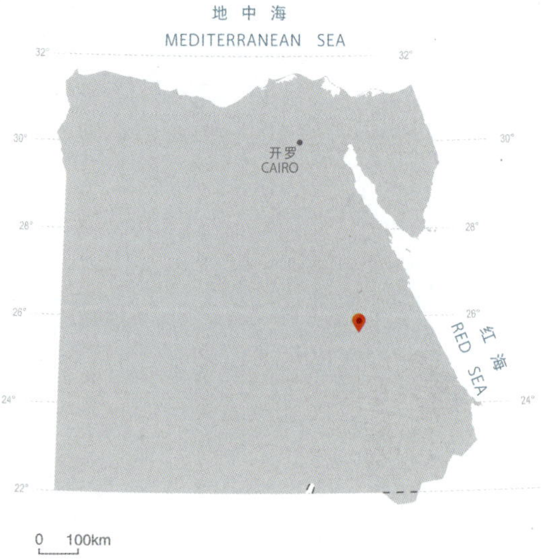

地中海
MEDITERRANEAN SEA
开罗
CAIRO
红海
RED SEA
0 100km

古埃及城市底比斯所在的尼罗河谷地区远离红海海岸，但却葱绿肥沃。财富不断增长使其成为上埃及地区的军事霸主，因此，在第十一王朝的法老阿蒙霍特普三世在位期间，它成为整个王国的首都。当时，荷马把富饶的底比斯描述为“百门之都”，并称每个城门定期会有200名披甲武士乘坐战车驶出。

在阿蒙霍特普三世的铭文中提到的用金银装饰的寺庙，其遗迹已经被发现。而到了拉美西斯二世在位时期，这座城市成为一座容纳两万人进行军事训练的营地。鉴于当时没有城墙，有可能巨大的神庙塔门（宏伟的入口）被当作城门使用。

尼罗河从底比斯穿城而过，将其一分为二，“生者之城”位于东岸，“死者之城”位于西岸。

P150和P151中
拉美西斯二世的巨像（高达15米）和他女儿宾塔娜特的小像矗立在第二塔门前。这座塔门位于大庭院和多柱大厅之间。

P151 上
阿蒙神庙区占地近30万平方米，门图神庙区占地约2万平方米（右边一小块圈起来的地方），下面的姆特神庙区占地约9万平方米。斯芬克斯大道把姆特神庙区和阿蒙神庙区连接起来。

P151 下
通向第一塔门的大道两侧排列着斯芬克斯像。在宗教仪式期间，圣船可以通过人工湖抵达尼罗河。

卡纳克神殿建于东岸，被砖墙围成三个神圣的区域，分别献给门图神（当地一个古老的猎鹰头战神，不久被阿蒙神替代）、阿蒙神（造型通常为公羊或戴插有两根羽毛头饰的男人）和姆特（阿蒙神的配偶，头戴王冠，有时以鹰头形象出现）。孔苏（阿蒙神和姆特的小儿子，头戴新月形王冠）神殿也包含在阿蒙神的圣地之内。

三块圣地中最大的一块是献给阿蒙神的，那是一块菱形的区域，被周长2.4千米、厚约8米的围墙围绕，内部是“众神之主”的大神庙。这里最古老的部分（可上溯到中王国第十二王朝，即公元前1991—公元前1785年）几乎荡然无存。随后，第十八到二十二王朝的法老们（包括图特摩斯一世、哈特谢普苏特、图特摩斯三世、阿蒙霍特普三世、拉美西斯一世、拉美西斯二世、塞

提一世、塞提二世和拉美西斯三世）在这里建造了一个由神龛、方尖碑、塔门和门廊组成的建筑群，所有这些建筑都极其宏伟。

卡纳克神庙的入口由西向东穿过一系列塔门，越向前走，塔门的尺寸逐渐缩小，第一塔门宽约113米，而第六塔门宽约50米。

第一塔门通向大庭院（规格为100米×80米），这是古代埃及最大的庭院，其中包括塞提二世和拉美西斯

p152-153
姆特神庙区包括阿蒙霍特普三世和拉美西斯三世的神庙，以及新月形的圣湖。圣湖被祭司用于洗礼仪式，以及和圣船相关的典礼。

p152 下
从新王国时代起，阿蒙神庙成为埃及最重要、经济实力最强的地方。这张俯瞰图上可以看到该遗址规则的布局，包括六个塔门、前景中的多柱大厅和神庙本体。

p153 上
圣地倒映在阿蒙圣湖的水中。右侧可以看见遗迹中仅存的两座方尖碑，分别由图特摩斯一世和哈特谢普苏特女王竖立。

p153 下左
多柱大厅中心的廊柱比侧面的廊柱高出三分之一。圆柱上巨型的顶板和额枋支撑着高约23米的天花板，从而为大型矩形窗户留出空间。

p153 下右
通往卢克索神庙的游行道路以托勒密一世建造的孔苏神庙大门为起点。整条路的两侧都排列着斯芬克斯像，它们的两爪之间是阿蒙霍特普三世的形象，那是受到神佑的象征。

三世的神庙。

第二塔门通向多柱大厅，由新王国最伟大的缔造者拉美西斯二世最终建成。这个大厅长102米，宽53米，是神庙建筑中最大的有顶区域，里面有134根雕刻着纸莎草花的柱子，其中122根柱头上的纸莎草花萼闭合，另外12根上装饰着绽放的纸莎草花。

穿过紧随其后的四座塔门，观光者将到达中王国时代建成的中庭，那里矗立着最早的圣坛。

由第三和第四塔门之间的庭院可以去往南侧区域，那是建筑群在南北方向的延伸。沿着南北方向的中轴再穿过四座塔门，将来到斯芬克斯大道，它连接着阿蒙神庙区和姆特神庙区。

再往西走一点，还有一条3千多米长的大道从孔苏神庙通往卢克索神庙，道路两侧都是斯芬克斯像。每逢新年之始，游行的队伍就沿着这条大道，将阿蒙的雕像从卡纳克神庙抬到卢克索神庙——这座神庙严格依附于卡纳克神庙，只在每年的这个场合使用。

The Temples of Abu Simbel

阿布·辛拜勒神庙

埃及——阿斯旺

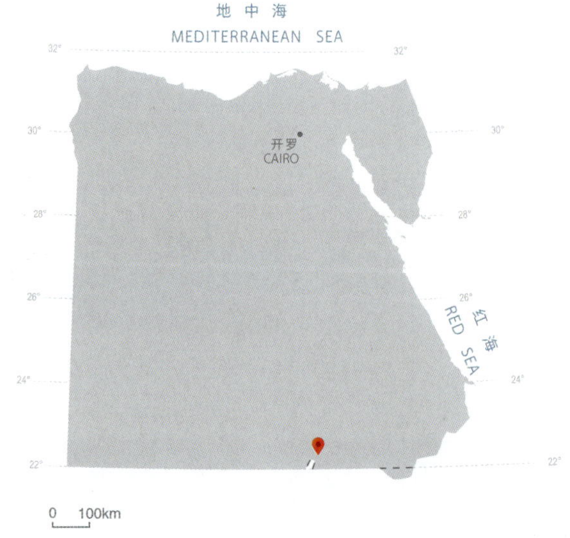

尼罗河上游河谷的沙漠地区在罗马时代被称为“努比亚”，拉美西斯二世在那里建造了两座地下岩窟神庙。今天，它们被视为拉美西斯时期建筑和艺术成就的象征。两座神庙建在尼罗河西岸，立面所在的岩体上雕刻着巨大的石像。

两座神庙中较大的一座是奉献给阿蒙神、拉·哈拉胡提、普塔神以及拉美西斯二世本人的。四尊高约20米的法老坐像分成两组，分别位于入口两侧，入口由山坡向内延伸约35米。雕像的造型和装饰通过巧妙设计展示了王室的威严：雕像的巨大尺寸代表了国王的权力和力量，他戴着上埃及和下埃及的组合王冠，雕像面部的笑容散发着宁静、公正和睿智的气息。

奢华而巨大的外观与狭小而私密的内部空间形成鲜明对比。这些内部空间都是从岩石中挖出来的，形成了一个带有廊柱的中庭、多柱式房间、前厅和内殿，内殿存有拉美西斯二世和三位神灵的雕塑。把法老的雕像和众神的雕像放在一起，是为了神化拉美西斯二世（在他仍旧活着的时候）。这种设计是新王国时代神庙的典

P154 上
拉美西斯二世决定在以前当地人献给地方神祇的两个洞穴中建造阿布 · 辛拜勒神庙。通过建造这两座纪念埃及神灵的神庙，法老还希望强调努比亚在宗教方面对埃及王国的臣服。神庙于1979年被列入世界文化遗产名录。

P154 下
六尊高约10米的雕像排列于小神庙的正面，分别雕刻着法老和他的妻子奈菲尔塔莉，拉美西斯二世以此献给他最钟爱的配偶以及女神哈托尔。

P155 上
拉美西斯二世的儿女和妻子们的小雕像站立在巨大的法老坐像的脚下，法老戴着上、下埃及的双重王冠和假胡须。

P155 下
殿内有四尊岩石雕刻的雕像。它们是拉美西斯二世本人和神庙供奉的三位神。左起依次为普塔神、阿蒙神、拉美西斯二世和拉 · 哈拉胡提。

型设计，只不过转变成了地下结构。光线在神庙立面所产生的效果与内部人工精心设计的光照效果形成对比。

在供奉给女神哈托尔（拉美西斯的神界配偶）和奈菲尔塔莉（法老的世俗妻子）的较小神庙中，法老的王权和神性也以不朽的形式体现。该神庙由多柱式中庭和内殿构成，立面有六尊王室夫妇立像。

这两座神庙原本建在面朝尼罗河的岬角斜坡上。1813年伟大的瑞士东方学家约翰 · 路德维希 · 布尔克哈特发现了它们。但是，努比亚因尼罗河而肥沃的土地在20世纪经历了巨大的改变：

P156-157

小神庙中的多柱式大厅由两排各三根哈托尔立柱分成三个走廊。它通向一个前厅，后面是直接由山体挖出的内殿，在那里可以看到哈托尔以牛的形式保护着拉美西斯二世。在中心位置，我们看到了带有女神形象的立柱。

P156 下左

在小神庙中，奈菲尔塔莉浮雕的牛角头饰中间有象征太阳的圆盘。这位生活在公元前13世纪的王后在神庙完工后不久就去世了，比她的丈夫早死许多年。

P156 下右

摄于小神庙的装饰部分，图上情景表现的是拉美西斯二世和奈菲尔塔莉向登基的女神哈托尔献祭（上），另一个情景是法老在其妻子的陪同下杀死了一个敌人（下）。这类场景常出现在埃及早期王朝的艺术作品中。

P157 上
大神庙的门廊中，八根奥西里斯柱支撑着天花板。这种形式的柱子把君主描绘成站立的木乃伊形象，是拉美西斯时代的特色（第十九和二十王朝）。君主和奥西里斯的角色类似——这位古埃及神灵负责审判死者的灵魂，宣布他们的复活。

P157 中左
大神庙这幅庆功的浅浮雕中，拉美西斯二世坐在他的战车上。房间的墙壁上装饰着游行和供奉法老及王后的场景。

P157 中右
这是位于大神庙入口处的巨大拉美西斯雕像之一的脸部特写。注意雕像上的割痕，修建阿斯旺大坝后，为了避免纳赛尔湖的湖水抬升对神庙造成破坏，埃及政府对神庙进行了切割和迁移。神庙重新组装时，埃及文物局的修复人员负责对细节进行修饰，他们用沙子和合成树脂把切割的痕迹降到最小。

P157 下左和下右
神庙的分割与组装工作正在全面展开。

1898年，阿斯旺大坝建成，河水水位随之上升。20世纪50年代，阿斯旺大坝新坝的建设让努比亚的建筑艺术遗产面临危机，阿布·辛拜勒神庙也将随着纳赛尔湖（尼罗河上的水库）的上涨而消失。为了挽救这些神庙，联合国教科文组织在1963年组织了一次抢救行动。这些神庙被从山体上移走，切割成约30吨重的石块，然后在更高处重新组装，其位置和方向与其公元前13世纪中期初建时完全相同。这次抢救行动花费了4年时间才完成。

The Theater of Sabratha

塞卜拉泰剧场

利比亚——塞卜拉泰

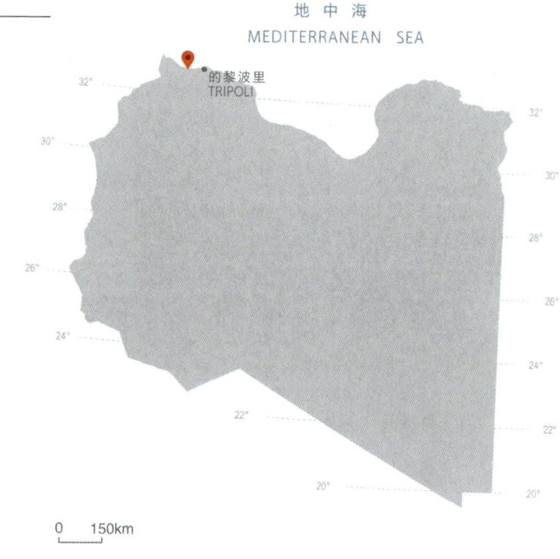

P158

宏伟的柱廊共有三层，俯视着朝北的观众席和乐队，它们由半圆的栏杆分隔开。观众席较低的前三排是为贵宾保留的座位。

P159 上

从拱廊之外眺望剧场。外部的拱廊只有部分被重建过。

P159 中

《帕里斯的评判》装饰着观众席前面的右侧壁龛。

塞卜拉泰剧场位于古罗马城市塞卜拉泰的东区，塞卜拉泰和的黎波里塔尼亚（现代利比亚的一部分）的部分地区一并于公元前46年并入罗马的新阿非利加行省。这一事件刺激了城市向南和向东发展，其规模超过了早期的迦太基定居地。

剧场建于2世纪末到3世纪初，彼时正是社会最繁荣的时期，今天这一建筑已成为城市的最佳象征。它是非洲最大的古罗马剧场之一，其良好的保存状态部分归功于修复工作。剧场的观众席位于一块平坦的区域，外部装饰着三层由塔斯干立柱和科林斯壁柱支撑的拱廊。半圆形的观众席被分成三个横向的环形，每个环形又被分成六个纵向的部分，外侧被柱廊环绕。

剧场最壮观的部分是后台建筑（frons scaenae），由三个大型的半圆形壁龛组成，每个壁龛后面都有一扇门，它装饰有不同类型的大理石（白色和彩色）立柱，这些立柱还被雕刻成不同的样式（光滑的、带细纹的和旋转的）。三道笔直的走廊与大门对齐，截断了建筑的曲线，创造出一种紧凑而明暗相间的效果，与罗马皇帝

P159下左、下中和下右
舞台前部交替分布着长方形和半圆形的壁龛，上面装饰着诸神、神话和戏剧场景的浅浮雕。下左是一组悲剧面具；下右是罗马皇帝塞普蒂米乌斯·塞维鲁正在参与献祭的场景。

塞普蒂米乌斯·塞维鲁在罗马建造的塞普蒂米乌斯建筑（一种独立的装饰性立面）并无二致。这座建筑最原始的部分是舞台的前部，那里交替出现的半圆形和长方形壁龛上装饰有诸神、神话故事和戏剧场景的浅浮雕（在这类建筑上比较罕见）。其中最突出的是中间的壁龛，上面装饰的场景是塞普蒂米乌斯·塞维鲁在罗马和塞卜拉泰这两座城市的化身前进行着一场献祭。这可能是对该城市成为殖民地的一种暗示。

The Library of Alexandria

亚历山大图书馆

埃及——亚历山大

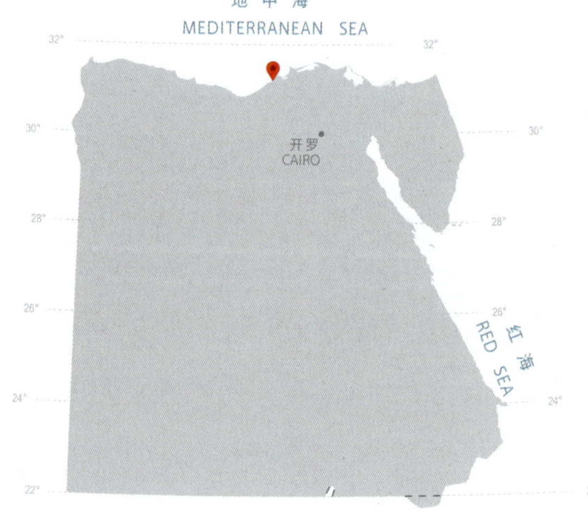

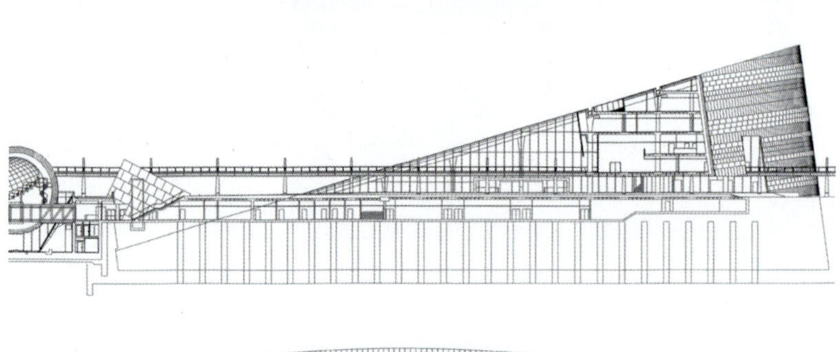

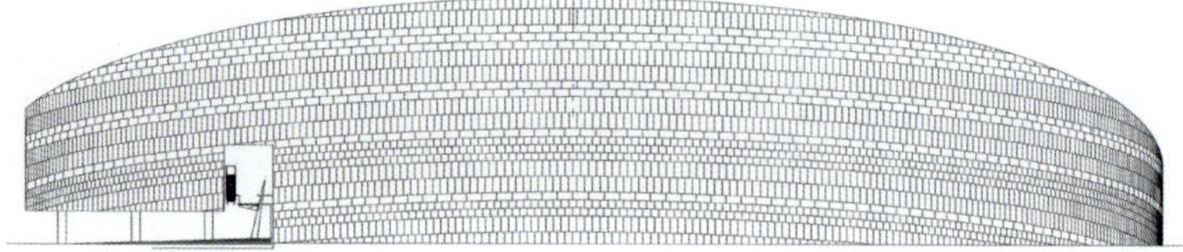

P160 上
图书馆外部不完整的柱形部分是为了模仿初升的太阳，其象征着新生和知识之光的传播。

P160中和下
图书馆的截面图显示出这栋高达30米的11层建筑的部分楼层。其在联合国教科文组织的资助下，由挪威斯诺赫塔建筑公司设计。它的立视图显示了由阿斯旺的灰色花岗岩建造的巨大外墙。它的外观被建成一个以16度斜切的半圆柱体。

P161 上
内庭的广场通向主入口，它由混凝土、金属和玻璃制成。在背景中可以看到天文馆的球形建筑。

P161 下
亚历山大图书馆的外墙被称为“会说话的墙”，它装饰着从古至今的所有字母、字符，以及音乐和数学符号。

古代的亚历山大图书馆是托勒密一世（又称“救主”托勒密一世）于公元前3世纪之初所建。他是在希腊文化氛围中成长起来的学者，热衷于亚里士多德学说。图书馆由“法勒鲁姆的德米特里”设计建造，后来随着时间的推移，它演变成一所繁荣兴盛的大学，来自世界各地的学者和学生都聚集于此教书或学习。这其中有一些相当著名的人物，如几何学之父欧几里德，以及古代两位伟大的天文学家阿利斯塔克和喜帕恰斯。

亚历山大图书馆不是普通的图书馆，它被认为是一个世界奇迹，但却因战争和宗教狂热而几度被毁。它的繁盛一直保持到埃及末代女王克里奥帕特拉统治时期。

16个世纪之后，新的图书馆与古时一样，建立在同一地点，其目的也是一样的：将人类所有的知识汇集到一个地方。

P162-163
倾斜的屋顶凸显了图书馆现代而高效的外观。可调节玻璃板不仅确保了良好的光线分布，还减少了建筑暴露在阳光直射下所引起的问题。

P162 下
图书馆包括众多阅览室、古籍修复中心、儿童图书馆、计算机学校、会议中心和地下停车场。

P163 上
最初的设计是克里斯托夫·卡培拉领导的挪威设计师小组完成的。设计中突出了常规的玻璃板和屋顶组成的“芯片”外形，这象征着该机构在信息传播中发挥的关键作用。

新图书馆由挪威斯诺赫塔公司（Snohetta）设计，在挪威建筑师克里斯托夫·卡培拉的指导下，由联合国教科文组织和1990年签署了《阿斯旺声明》的二十多个其他国家共同建造，其建筑面积约8.5万平方米，共有11层。

从远处看，图书馆的外观如海上升起的斜阳（象征着古代图书馆的复兴，以及知识和领悟的传播），或是一个斜切16度的圆柱体。图书馆被白色的花岗岩墙体和一个人工湖所环绕，屋顶上

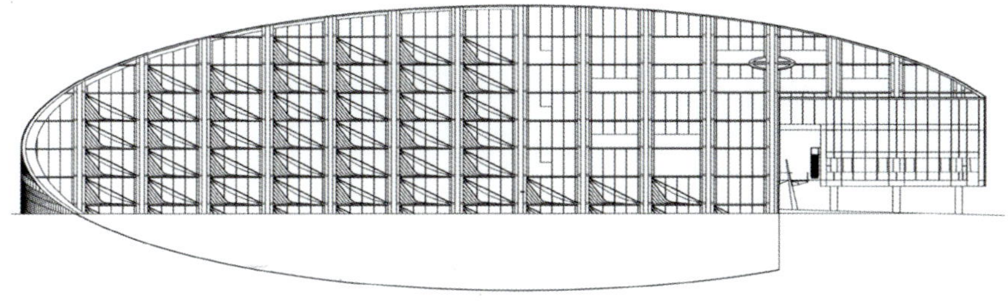

P163 中上
屋顶呈倾斜的巨大半圆形，上面铺设着可控制的玻璃板，可以调节射入阅览室的光线。

P163 中下
图书馆中心的阅览室有100多根高16米左右的白色的混凝土立柱。它们带有莲花柱头的外形与古埃及立柱有些相似。

P163 下
在众多阅览室中，位于建筑中心的主阅览室面积近1.9万平方米。它由混凝土和木材建造，可容纳2000人。

铺满了方形的反射玻璃板，可以调节进入阅览室的光线量。

建筑中心是约2万平方米的阅览室，由钢筋混凝土和木材修建而成。2000个阅览处被安置在约100根高16米左右的白色混凝土立柱之间，每根柱子的直径约0.7米，柱头类似古埃及的“莲花柱头”。

图书馆还包括两个博物馆、一个古籍修复研究所、一个儿童图书馆、一所计算机学校、一个会议中心、一个地下停车场和诸多储藏室。

新馆的书架上摆放着古代手稿、珍本书籍和地图，总藏书量达800万卷以上，还有多媒体和视听资料。

图书馆的外墙铺设有来自阿斯旺的灰色花岗岩，那是法老们所用的石料。外墙上没有窗子，装饰着世界上各种文字系统的图形符号，包括岩画和象形文字。

为了确保新馆不会像以前的图书馆那样毁于大火，工程师们用阳极氧化铝设计了隔热的天花板。建筑师克里斯托夫·卡培拉对该建筑设计总结了以下几点：“建筑的圆形结构象征着世界的知识；我们将屋顶按芯片的外观形式来设计，以表明这里不仅关注书籍的保存，还致力于与外部世界进行信息交换。”

第三章
亚洲

ASIA

亚洲拥有丰富多彩的历史和文化遗产。在建筑领域，亚洲的成就尤为突出，从古代的宏伟宫殿到现代的摩天大楼，无不彰显着亚洲人民的智慧和创造力。要在一个篇章里涵盖亚洲极为多样的建筑类型几乎是不可能的。

亚洲与欧洲同在一块大陆上。这里地域广阔，地形多样，有辽阔的高原、无际的荒漠和地球上最高的山脉，也有富饶的平原和奔流的江河，诞生了诸多悠久灿烂、各具特色的文明。伊斯坦布尔海峡和达达尼尔海峡将亚欧大陆分隔开，使得亚洲和欧洲在文明交流的同时仍保有一定的距离，同时也存在冲突。地中海以东的近东、中东地区在古代（中世纪以前）与西方世界有过历史和文化发展的交集，一些留存至今的建筑证实了这段重要而值得纪念的时期。

在波斯，从伊斯法罕到设拉子的途中，在普哈尔河左畔，旅行者会看到古波斯都城波斯波利斯的遗址，这座帝国之都随着亚历山大大帝庆祝胜利的宴饮被付之一炬。“这是整个东方的首都的终结，许多民族曾经从这里寻求法律；这里是许多国王的家乡，也是过去对希腊唯一的威胁。”〔《亚历山大大帝史》（*Historiae Alexandri Magni*）,V,7,8〕

“从此，波斯波利斯守望着荒原。旷野、天空、猎鹰……还有波斯的明亮日光都赋予了这个巨大的平台一种春天般的轻盈……在废墟的中央，石柱兀自矗立，却不支撑一片屋顶；拱形门洞敞开，却不通向任何一个房间……在百柱殿中，一片荒凉的废墟……白日笼罩，在这个没有屋顶的废墟中产生许多黑色的方形阴影，使遗迹上的浮雕显得更加深邃。除了蜥蜴在石头间掀动干枯的树叶发出的寒窣之声，这里一片寂静。”这是英国作家薇塔·萨克维尔-韦斯特记下的印象。

中东地区的伊斯兰建筑以其独特的风格在世界建筑史上占有重要地位。以清真寺、宫殿、陵墓等建筑类型为代表的伊斯兰建筑多采用拱券、穹顶等结构，建筑风格严谨、对称、挺拔，体现了伊斯兰教的宗教信仰和文化传统。

中亚地区凭借沙漠商队促进了商业的繁荣，催生出在经济和文化上都具有强大影响力的精致城镇，并建立起众多僧侣修道院。这片广袤的土地上，建筑风格深受伊斯兰艺术以及丝绸之路沿线多种文化交流的影响，形成了丰富多彩且独具特色的建筑遗产。其中最具代表性的当属乌兹别克斯坦的撒马尔罕。其由精美的陶瓷马赛克、错综复杂的几何图案以及繁复的阿拉伯书法装饰的外墙和穹顶，创造出一种视觉上的震撼效果。

印度在公元前3000年就已经形成了发达的文化，印度文化深受佛教、婆罗门教和印度教的影响，形成以陵墓、庙宇为代表的建筑形式。佛教建筑多以石窟、寺庙等形式出现，体现了印度古代社会的宗教信仰和文化特色。而闻名的泰姬陵则以优美脱俗的造型成为莫卧儿王朝伊斯兰建筑艺术的典范。

在有着5000年文明史的中国，精美的宫殿与园林建筑成为亚洲建筑的重要代表。中国宫殿建筑庄重宏伟，布局严谨对称，体现了中国古代社会的等级制度和“天人合一”的理念。故宫作为明清两代的皇家宫殿，是世界上现存规模最大、保存最为完整的木质结构古建筑之一。中国的园林建筑则追求自然与人文的和谐统一，苏州园林以其“咫尺之内再造乾坤”的特点闻名于世。

日本的寺庙与城堡建筑深受中国南北朝、隋唐时期的影响，后逐渐形成自己的风格，是亚洲建筑的另一重要代表。寺庙建筑多以木结构为主，具有简洁、精致的特点。日本的城堡建筑则体现了其封建社会的军事需求和文化传统，多采用石头、木材等原材料，具有坚固、雄伟的特点。

东南亚地区的传统民居建筑以木材为主要原材料，具有轻盈、通透的特点。这些民居建筑多采用坡屋顶、挑檐等构造形式，以适应热带地区的气候特点。东南亚传统民居的装饰也富有特色，如木雕、彩绘等，体现了东南亚人民的审美观念和文化传统。

尽管亚洲建筑作品洋溢着与生俱来的超凡脱俗之美，但它们与西方建筑作品一样， 也反映了其所在的文明的历史、社会结构和经济发展。亚洲建筑取得的成就是如此迥然不同于欧洲，以至于要追溯它们到某条单一发展路径显得不切实际。

亚洲建筑中有许多富有宗教意味，现在的情形仍然如此。因为当信仰和宗教实践极为普遍，当事物的抽象价值被每个人接受，宗教性建筑就承担了符号和暗示的功能。然而，依照传统建在自然中的住宅，仍旧保持了艺术的和纯粹的设计。这些设计在一定意义上也是亚洲现代建筑风格的先声。

故宫太和殿。

圆顶清真寺。

在亚洲不同地方，建筑材料各不相同，有洞窟、砖石、木料、竹子。由此可见，亚洲建筑在体现各地自然环境的差异之外，也颇能代表亚洲人的宇宙观念。建筑史学家马可·布萨利说过：“亚洲建筑师们从来不是哲学家或者科学家，但是他们的创作几乎总是反映某种哲学或宗教的思索，他们的创造冲动和艺术感觉渗透着对存在性的理解，然后将之构筑于形、加工成器，反过来也影响宗教思想的发展。宗教思想也成为一种对世界的理解。”

因此，在亚洲建筑的创新观念中，信仰是深深根植其中的主题之一，反映了某种在亚洲普遍存在的“共同思维”的许多方面。亚洲种种不同的观念中其实也有一致性：都根植于人与自然的关系（敬畏自然的力量）。

P166-167
阿拉伯塔酒店。

Persepolis

波斯波利斯

伊朗——设拉子

P168和P169下左

波斯波利斯遗址是波斯的五座都城之一，另外四处分别在苏萨、埃克巴坦那（哈马丹旧称）、巴比伦和帕萨尔加德。波斯波利斯位于迈德赫特平原上的普哈尔河左岸。这片宫殿群建在大流士一世所建的巨大四方形平台之上，平台又分成几层，每层之间用宽大的石阶相连，台阶共计106级。外墙上刻有庆典和朝贡性质的浮雕，如狮子袭击公牛、荷戟持盾的士兵队列等。

P169上和下中

万国之门所通往的阿帕达纳宫的王座室占地约4600平方米，室内遗存有许多柱基。在通向它的石阶上有一组浮雕，分为水平的三排，刻画的是帝国臣民向皇帝进献贡品的场景：身着紧身服饰的是米底人，身着宽大衣装的是波斯人，还有荷戟佩剑的国王私人卫队。

169 下右

朝向阿帕达纳宫的万国之门。柱上的飞牛图案浮雕有亚述和巴比伦艺术的影子。

波斯波利斯是伊朗最著名的考古遗址，位于伊斯法罕与设拉子连线上。波斯波利斯古城始建于公元前518年，大流士一世在拉赫马特山的山脚下开始建造古城的台基、阿帕达纳宫（亦称觐见殿）和哈利姆后宫。大流士一世之子，也是后来继承王位的薛西斯一世，完成了觐见殿和哈利姆后宫，建造了皇帝使用的哈迪什宫（Hadish，国王的寝宫）和万国之门——薛西斯门，并着手建造百柱殿。薛西斯一世之子阿尔塔薛西斯一世完成了百柱殿工程，后来阿尔塔薛西斯三世又增添了一座宫殿——但直到公元前330年，亚历山大大帝烧毁波斯波利斯城时，它依然没有建完。

古城的围墙由石灰岩大方砖砌成。薛西斯一世修筑的万国之门是一个有四根石柱的方形门廊，三面敞开，雄伟壮观，东西两门各由两尊约5米高的人面牛身鹰翼神兽把守。这些神异的公牛雕塑上方，镌刻着使用埃兰语、古波斯语和巴比伦语三种古文字写成的四条铭文。

穿过西门，就是经大流士一世和薛西斯一世两代皇帝之手建造起来的阿帕达纳宫。

阿帕达纳宫的中央大厅本来矗立着36根石柱，如今仅剩3根。大厅的三面都附带门廊，每条门廊都有6根石柱和可供进出的通道。

通向阿帕达纳宫的两道石阶高大威严，装饰着描绘了宗教仪式的大型浮雕。一侧是波斯人、米底人、埃兰人（均为古代伊朗地区的民族）的达官显贵，在步兵、旗手和弓箭手的陪同下，面向朝贡使团列队而行。另一侧是前来朝觐的属国使团，共23个。每到新年，他们就来给波斯皇帝敬献自己国家最好的物品，以示庆贺。

继续通过另外一段高大的石阶，就来到议政场所——议会厅。这座方形的宫殿由4根圆柱撑起。议会厅的外墙布满浮雕，有斯芬克斯像，有狮子斗牛图，还有属国贵族手持莲花列队觐见的场

P170 上

大流士三世墓的浮雕上，雕刻着他和身后的随从。大流士三世于公元前330年在巴克特里亚被杀，尸体随后被运到波斯波利斯。

P170 下左

属地的达官显贵排成队列向大流士呈献贡品的场景。可能由于波斯和希腊两地反复的战争和政权易手，阿契美尼德艺术也受到希腊造型艺术的影响。浮雕上人物的面部刻画得比身体更具个性，能更好地反映历史人物的真实面貌。

P170 下右

波斯波利斯的门、台阶和墙面雕饰上屡屡可见猛兽争斗的场面——绝大部分是狮子袭击公牛——这象征着皇帝的权力。其蜿蜒的曲线、阿拉伯风格的图案和饱满和谐的体量，折射出美索不达米亚艺术的光芒。不仅如此，形式灵活、表面圆润而充满动感的阿契美尼德艺术对印度艺术也产生了深远影响。

景。门上的浅浮雕讲述的是大流士和薛西斯端坐在由古代波斯主神阿胡拉·玛兹达羽翼护卫的宝座上举行盛大庆典，接受来自28个国家的使节的朝贺和纳贡。

议会厅的南门与哈迪什宫的台阶相连。哈迪什宫矗立在最高处，站在这里凭吊中央大厅残留的36根柱基，可以想见宫殿昔日的荣耀。这里原有的柱子很可能是木制的，外面涂抹着灰泥。

薛西斯一世建造完成的还有塔查拉宫（Tachara，也是一个觐见厅），其平面构图与议会厅相似。塔查拉宫门上的浮雕，反映的是皇帝从宫殿进出的场景，以及与狮子、公牛和翼兽战斗的画面。

塔查拉宫主殿又称镜厅，因其墙壁被打磨得光滑如镜。历经薛西斯一世和阿尔塔薛西斯一世两代建造的百柱殿，其遗址位于台基的东北部。

百柱殿的方形大殿中央曾矗立着100根柱子，然而在遭亚历山大大帝毁坏后，只余下了柱基。百柱殿的门上同样镌刻着队列、皇帝战兽图一类浅浮雕。

P170-171
浮雕上的大流士一世于公元前521年～公元前485年在位，他是希斯塔斯帕之子。他吞并了色雷斯和马其顿，把波斯帝国的版图扩展到了东抵印度、西至多瑙河的广大区域。他把领土分成20个行省进行管理，这项制度为他赢得了声誉。

P171 中
飞牛、灵怪、帝王斗兽和战争场面，这些阿帕达纳宫入口和柱头的雕饰，全都是典型的阿契美尼德艺术风格——融合了埃及艺术的形式和巴比伦艺术雄浑圆润的特点。

P171 下左
劫后余生的雕塑和浮雕装点着波斯波利斯古城。这些雕塑（如图示的狮身鹫首兽），都是从附近的沙漠中发掘出来的。

P171 下右
波斯波利斯毁于亚历山大大帝之手。在被马其顿人征服以前，阿契美尼德王朝（即波斯帝国）开创了璀璨的文化，波斯波利斯遗址不过展示其中万一。据希腊哲学家普鲁塔克所言，为了报复波斯人对雅典的劫掠，马其顿征服者洗劫完波斯波利斯后，将其付之一炬。

The Great Wall

长城

中国

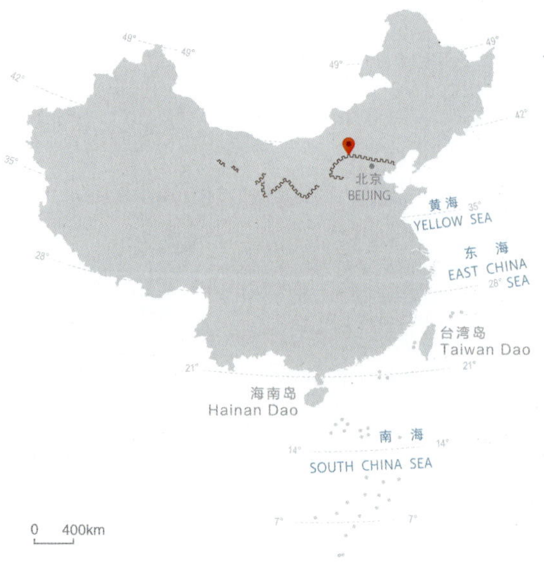

在幅员辽阔的中国版图上，全长21196.18千米的长城，在东西方向上横跨了大半个中国。它见证了古代中国的组织能力、军事力量，体现了中国人民高超的技艺和坚韧的意志。

长城的修建起源于西周时期，约从公元前7世纪开始，各诸侯国就开始修建区域性防御工事，以抵御北方游牧势力的入侵。公元前3世纪秦始皇统一中国后，将春秋战国时期诸侯国各自修建的长城连为一体，始称“万里长城”。

秦始皇为了加强对边境地区的控制，抵御游牧民族入侵，保护边境地区百姓的生命、财产安全，他在派大将蒙恬北伐匈奴的同时，开始连接和加固各地区防御工事。

十余年间，士兵、民夫和囚犯一起筑起一道绵延万里的长城。长城在建造过程中使用了当地的石料，在石料不足的地段，则使用夯土修建夹层墙。

经过历朝历代的多次修复和扩建，到明朝

P172 上
长城作为军事工程的杰出典范，不仅可以让军队在其上快速移动，而且它分布着的一系列烽火台可以使军队快速传递信息，如进攻或增援。本图摄于金山岭长城。

P172 下
嘉峪关是长城西部的终点，地处甘肃省的河西走廊，北临戈壁荒漠，南倚祁连山脉。古丝绸之路由此经过。

P173 上
长城雪霁。金山岭长城地势险要，极具战略和军事意义，防御工事几个世纪以来被不断强化。

P173 下
八达岭长城在山脊蜿蜒。1961年，八达岭长城被中国国务院列为第一批国家重点文物保护单位；1987年，长城被联合国教科文组织列为世界文化遗产。

时，长城的战略性和重要性得到显著提高。明朝政府对部分长城进行了加固和增高，并增加了烽火台、关隘的数量，增设了新的防御措施和附属结构，形成了一个兼具军事屏障和行政边界功能的建筑群。

长城在山脉、峡谷和沙漠中蜿蜒而过，姿态宛如一条巨龙。它是中国人的骄傲，深深根植于中国的历史和文化中。

The Khazneh

卡兹尼神殿

约旦——佩特拉

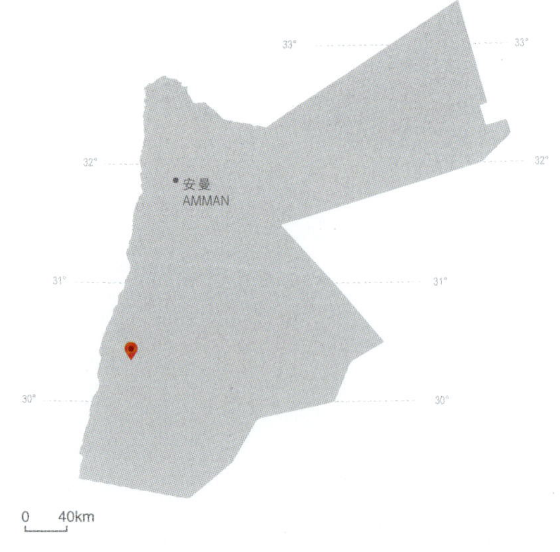

P174
卡兹尼神殿的外观呈迷人的红色，各种建筑要素在这里被发挥得淋漓尽致。

英国诗人约翰·伯根曾在诗中描写佩特拉是“一座玫瑰红的城市，其历史有人类历史的一半”。佩特拉位于约旦首都安曼南部，它曾是纳巴特王国的首都，也是阿拉伯半岛上罗马行省的都城。它隐藏在一座山后，很难抵达，但却作为商队聚集的商业中心繁荣起来。佩特拉拥有通往红海，以及通往“阿拉伯福地”（今也门）、美索不达米亚和地中海一带的道路。佩特拉古城坐落在群山之间，群山围绕着它，就像一个圆形剧场，纳巴特人在此建造了崇拜杜莎拉、阿拉特等神的神殿。除了庙宇，这里还有市场、两座剧场和众多从岩石中挖掘出的坟墓。要进入古城居住区，只能在东面沿着干涸的西克河谷进去。在过去，古城通过水渠将河谷急流的水引向城中各处。

古城中保存最完好的一栋建筑，是正对西克河谷的卡兹尼神殿。神殿的正面高40米左右，宽约26米，完全是从岩壁上凿出来的。墓穴分两层，下层的中心是一个有六根立柱的门廊，其中墓穴入口阶梯的两侧各有两根柱子约有四分之一是嵌入岩壁之中的；中间两根立

P175 上
一走出狭窄的西克峡谷，卡兹尼神殿便突然出现在眼前，它是在陡峭的岩壁上雕刻而成的。卡兹尼神殿于1812年由约翰·路德维希·布尔克哈特发现并挖掘，在1929年和1935年又进行了进一步挖掘。

P175 下左
卡兹尼神殿的上层横梁有一组山形墙和一个圆顶墓。分成两半的山形墙由科林斯柱支撑，并带有鹰形的山尖饰。

P175 下右
卡兹尼神殿的前厅有三个门（图中是西北入口），都通向墓室。佩特拉遗址是从岩石中雕刻出来的，其建筑的丰富性和构图的自由度引人入胜。

柱是独立的，不过左手边的那根曾重建过。

在门廊的两侧，两座残破的浮雕都描绘了一个披着斗篷的人站在一匹马前。门廊的山形墙上装饰着受希腊艺术影响的卷状雕饰，在额枋的转角处还雕有猫科动物造型的装饰。卡兹尼神殿的正立面上层分成三部分：中间部分的圆形建筑，即圆顶墓，有一个圆锥形的屋顶，顶上有一个瓮，圆顶墓的中央是一个左手持丰饶角的女性雕塑。它的两侧各有面半山墙，半山墙外侧的柱子是四分之三壁柱，靠内侧的是半柱，有一半的柱体嵌入岩壁。入口处的前厅通向两个侧室，可通过装饰有低矮浮雕的高门到达，沿着台阶继续上行，进入一个中央的房间，可以看到墙上凿出墓葬用的壁龛。

Haghia Sophia

圣索菲亚大教堂

土耳其——伊斯坦布尔

黑 海
BLACK SEA
安卡拉
ANKARA
地中海
MEDITERRANEAN SEA
0 120km

P176
傍晚神奇的一幕：穿越海峡的船只仿佛漂浮在圣索菲亚大教堂上空。

P177 上
圣索菲亚大教堂的外墙是鲜明的红色，它远眺着伊斯坦布尔海峡。尽管有扶壁和减除负荷的一系列构造，大穹顶依然是该建筑最薄弱的部分。

P177 中
圣索菲亚穹顶和宣礼塔气势恢宏，而旁边的花园美丽可亲。宣礼塔是在15世纪教堂被改为清真寺时增加的。

P177 下
这三层半穹顶结构显示了圣索菲亚大教堂的复杂性。整个拜占庭帝国的工匠们历时六年才完成这栋建筑。

自君士坦丁堡改称伊斯坦布尔之前几个世纪起，圣索菲亚大教堂就一直是这座城市里最著名的宗教建筑。它矗立在拜占庭皇宫（今托普卡帕皇宫）和拜占庭竞技场之间的位置，这里在历史上先后存在过三座教堂。第一座教堂是由君士坦丁二世于公元360年建成的，人称“Megale Ekklesia”，意思是“大教堂”。这座教堂在公元404年被君士坦丁堡牧首约翰一世的追随者烧毁，然后由狄奥多西二世在原址重建了第二座教堂，并于公元415年完工。第一座大教堂的柱廊被保留下来，并纳入了新教堂中。公元430年，新教堂更名为圣索菲亚教堂，意为“神圣智慧”，但这座教堂也在公元523年反对查士丁尼一世的“尼卡起义”中被烧毁。

随后，查士丁尼一世决定对教堂进行大幅度的改建，并选择了“米利都的伊西多尔”及“特拉勒斯的安提莫斯”这两位建筑师来设计第三座教堂。他们参照了同样位于君士坦丁堡的圣谢尔盖和巴克斯教堂的样式，那座教堂很可能就是这两位建筑师设计的。

拜占庭历史学家普罗科匹厄斯的著作记载了这次修建的情况，他在书中写道，查士丁尼一世梦到一个天使向他展示教堂的设计图。新的圣索菲亚大教堂的结构基于希腊十字形平面，顶部由一个直径约为31米的巨型穹顶和两个位于侧面的半穹顶组成。在内部，立柱和廊道将前厅与后殿分隔开。查士丁尼一世时期修建的教堂穹顶在公元558年（大教堂落成后21年）坍塌，后由米

P178-179
建筑内部铺满了马赛克图案，金色的地板上装饰着美丽的藤蔓花草和几何图案。光线从高处的窗户透进来反射到金色砌砖上，让墙壁仿佛消失一般，所产生的炫目效果给人一种建筑内有强大光源存在的错觉。

P178 下
小穹顶上可以看到遗存的年代久远的壁画，应是作于基督教时期。墙皮后面可能还能看到背负十字架的基督、圣徒等宗教内容的壁画。

利都的伊西多尔的侄子——小伊西多尔，在公元562年重建。但是，新设计与特拉勒斯的安提莫斯的设计颇有不同，尤其是穹顶，它的高度增加了7米。另外，在南部和北部新增了大玻璃窗，以增加室内采光。半圆形后殿的墙壁贴银，摆放着置有祭坛华盖（一种由四根柱子支撑的装饰性华盖）的金色祭坛。大教堂的周围还有一系列的建筑：西侧是一个带有柱廊的中庭，中央有一处

P179 上
在这幅描绘基督赐福的壁画上，基督长而棱角分明的脸庞，以及衣服的皱褶和色泽都明显具有拜占庭风格。

P179 下左
穹顶下面的空间很大，装饰着一排板岩和绿色大理石雕成的柱子，柱头上雕刻着美丽的花草纹饰。

P179 下右
因为伊斯兰教禁止描绘真主，圣索菲亚大教堂的墙面装饰着用伊兹尼克陶土做成的大型圆板，在上面镌刻的是《古兰经》的经文。

喷泉；北侧建有两座洗礼堂；东北有一个圆形的圣器室；南侧，教堂与牧首寝宫及教廷相连；东南侧的入口将圣索菲亚大教堂和皇宫相连。教堂被用于举行皇家仪式，有两个房间专供皇帝个人使用。

公元869年发生在君士坦丁堡的地震摧毁了檐部上方的一块山墙，如今已修复如初。公元989年，另一场地震导致西侧半穹顶附属的拱廊和部分主穹顶倒塌。重建工作由亚美尼亚建筑师梯利达特负责。1317年，在北侧和东侧新增了外扶壁，但不久之后的1346年，东侧半穹顶与主穹顶的一部分坍塌了，直到1353年才进行修复工作。不过查士丁尼一世时期用玻璃镶嵌技术制作的马赛克拼贴画至今保存完好，其非具象风格非常独特。1453年，圣索菲亚大教堂被改建为清真寺，并更名为“阿亚索菲亚清真寺”，在建筑的四角立起了四座宣礼塔。教堂在1573年和1847—1849年分别进行了大规模的维修工作，后面一次大规模维修由瑞士建筑师加斯帕雷·福萨蒂和朱塞佩·福萨蒂负责。1931年，圣索菲亚大教堂被土耳其国父穆斯塔法·凯末尔·阿塔图尔克下令解除宗教地位，并将其改为博物馆。

The Dome of the Rock

圆顶清真寺

耶路撒冷

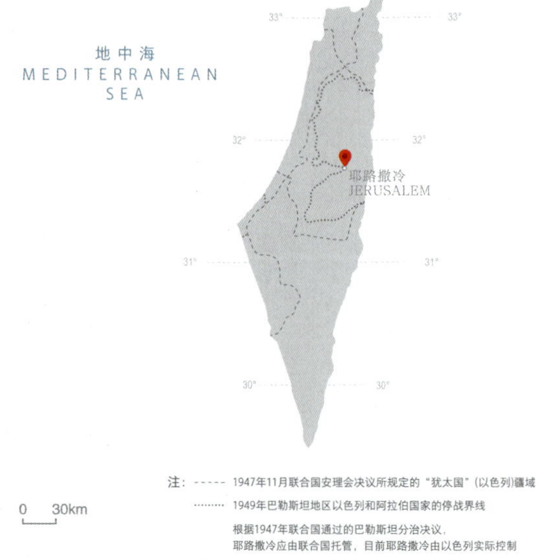

P180
清真寺的外墙贴满大理石和带图案的瓷砖，这些瓷砖是苏莱曼大帝在波斯的卡尚定制的。

从橄榄山到欣嫩子谷，无论你从哪个角度看耶路撒冷老城区，都能看到一个金黄色的大圆顶，在阳光下熠熠生辉，这就是圆顶清真寺。圆顶清真寺在阿拉伯语中叫作“萨赫莱清真寺”，也有人称其为“奥马清真寺”，从历史和传说中来看，它所矗立的圣殿山代表了三大宗教的交织。这座山丘被认为是亚伯拉罕准备献祭儿子以撒时点火的地方；也是所罗门圣殿的铜祭坛（也称“燔祭坛”）的所在之处，其残存的部分遗迹被称为“哭墙”，是犹太人的祈祷之地；这里也是伊斯兰教先知穆罕默德骑着天使加百列所赐的飞马前往真主安拉启示之地的地方。1099年，东征的十字军在此宣誓信仰，将清真寺改为教堂，并升起十字架的标志。直到1187年，苏丹萨拉丁率领穆斯林军夺回了耶路撒冷，拔除了基督教的十字架标志，此后伊斯兰教的新月标志永远保留在了这里。

这座山丘也是希律王圣殿的所在地，但罗马人在公元70年第一次犹太战争结束时将其夷为平地。由此，这座山丘上的犹太教的痕迹全部消失，数个世纪以来，这个地区被普遍认为是受神灵厌恶的地方，因此遭

圆顶金色的现代阳极氧化铝板与16世纪时安装的蓝色阿拉伯式花纹瓷砖相映生辉。

P182-183
从寺内仰望“金顶”，它由两个直径约20米的同心圆组成。支撑圆顶的鼓座装饰有11世纪的花草纹马赛克图案和美丽的拱窗。鼓座以下的环形部分，装饰有带金色阿拉伯式图案的灰泥和镌刻着《古兰经》经文的饰带。

P182 下
清真寺中心的圆形大厅，被两条由立柱支持的回廊环绕，中央供奉着圣石。这些圆柱都取自基督教堂。

到遗弃和忽视。

公元638年，圣殿山被穆斯林接管，但他们尊重这个先知穆罕默德在耶路撒冷最后一次现身的地点，也尊重受穆罕默德欢迎的犹太教元素。640年，哈里发欧麦尔·伊本·哈塔卜在此修建了一座清真寺，恢复了这座山丘的神圣地位，清真寺可能是木制的，如今人们只能从朝圣者日记中了解这座清真寺。687年，倭马亚王朝哈里发阿卜杜勒·马利克建了新的清真寺，取代了早期

P183 上
从正面看，清真寺有两层。在八边形结构的东南西北四个方位各有一个入口，每个入口都有一个短门廊。金色圆顶位于中央高处。

P183 下
沿着台阶去往清真寺，要先经过开放的门廊。这些门廊是马穆鲁克王朝的遗迹，由三个或四个拱门构成，象征圣地的界限。

的建筑，这就是现在的圆顶清真寺。

哈里发委任拜占庭的基督教徒建筑师设计了这座清真寺。它的四个方向都有台阶，台阶上有拱门，按照穆斯林传统，拱门的柱子上悬挂着代表末日审判的天平。

清真寺矗立在广场的中心，它呈八边形结构，在四个方向各有一个入口，每个入口高约12米。建筑的装饰衬层淡化了体量给人带来的印象：底部是淡色多彩大理石，上面是装饰着阿拉伯式花纹的淡蓝色瓷砖。

八边形结构的上部及支撑圆顶的鼓座全部用马赛克镶嵌，图案采用当时流行的设计。但在1552年，苏丹苏莱曼一世又用带图案的瓷砖进一步修饰，这些砖都是在波斯的卡尚制造的。到了19世纪，又加入了阿拉伯文字的铭文。建筑最耀眼的部分——中央半球形圆顶就覆盖在鼓座上面，圆顶为木结构加金属外壳，在20世纪50年代又贴了镀金的铅板。

从内部看，圆顶由两个同心圆结构组成，其上装饰着花草纹马赛克图案，以及写有《古兰经》经文的灰泥和金饰。圆顶清真寺的平面布局完全基于几何比例，内部由立柱分成两个同心的回廊。

清真寺中心的一个圆形平台上供奉着信众心目中的“圣石”，圣石下的洞穴被称作“灵魂之井”，亡者的灵魂会在井里礼拜安拉，这也是修建清真寺的目的所在。

Borobudur

婆罗浮屠

印度尼西亚——爪哇

19世纪初，人们在爪哇岛丛林深处发现了一座8世纪下半叶的大型佛教寺庙遗址——婆罗浮屠遗址，修复后，这座寺庙成为爪哇地区延续近200年的佛教中心。

婆罗浮屠可能是由建筑师古纳德尔玛设计的，它覆盖了整座山丘，整座山就是一处圣所。

庞大的婆罗浮屠以阶梯金字塔的形式建造，它有一个两层的方形基座，每条边长约113米。塔身由逐渐缩小的方形平台构成，第一层距塔基边缘7米，其上每层依次缩小2米，形成狭长的回廊，并由阶梯连接。塔身每层立面上都设有一圈佛龛，每个龛中都有一尊佛像，佛龛数目随塔身逐层缩小而递减。塔顶由三层依次变小的同心圆平台构成，每一层上都建有一圈佛塔，佛塔数目按32、24、16逐层递减。塔顶的顶部是一个中央佛塔，里面是一尊特意未修完的佛陀雕像。

婆罗浮屠的装饰反映了爪哇地区佛教的宇宙观：最下层的浮雕最初是露天的，后来可能是出于稳定性的考虑而被一座支撑墙覆盖。这部分浮雕反映了“欲界”（欲望之界），描绘了人类的行为和欲望是如何把他们

P184上和下
婆罗浮屠每层平台的立墙也是上一层平台的护栏，立墙表面刻有1300块讲述佛经故事的浮雕。

P185 上
婆罗浮屠顶部的三层平台呈逐渐缩小的同心圆形，上面共有72座钟形佛塔，绕轴心而建。塔内佛像全部结转法轮印，表示以法轮摧破烦恼，使身心清净。外圈64尊佛像结说法印，表示推究说法。

P185 下
婆罗浮屠是一座巨型佛塔，建在凯杜山谷的一座山丘上。它的形式和位置象征着印度神话中代表宇宙中心的须弥山，那是诸神所居之地。

P186
婆罗浮屠中高质量的雕刻都是在岩石表面雕刻而成的，描绘的是佛教文化中的现实和精神世界，具有强烈的视觉冲击力。

P187 上
婆罗浮屠低层浮雕的主题来自爪哇当地的物质文化，而舍弃了印度风格。

P187 下左
繁多的浮雕描绘出大千世界众生相。这些浮雕记录了时代风俗，并提供了有关当时的服装、饰品、陈设在内的有价值的信息。

P187 下右
按佛教徒朝拜圣迹时的右旋礼，朝拜者遵循坛城布局，从外围不断向寺庙中心逐级攀升，感受从“色”入“空”的开悟过程。朝拜路线位于佛塔之间，两侧都有图中这样的浮雕。

带进地狱或天堂的。除了宣传教义，有些浮雕也反映了9世纪爪哇地区人们的日常生活。

相比之下，较高层的浮雕则反映智慧战胜肉欲、从尘世走向极乐世界的过程。这些巨大的浮雕叙述了乔达摩·悉达多的生平和佛祖的诞生（《本生经》故事）。

塔身的回廊刻画的是佛经故事：第一层讲述释迦牟尼佛的生平，从流传民间的前世因缘到他首度讲经；第二层讲述须达那太子修成正果的故事；第三层讲述的是弥勒佛的故事；而对第四层画廊浮雕的诠释则有争议。

这四层平台描绘的全部是佛教“色界”（形而上的世界）场景。塔身佛像各自结特定手印，朝向与东西南北四方位基本对应，也指示佛教方位的特有含义，即东方（证悟）、南方（与愿慈悲）、西方（禅定）、北方（施无畏）。

在顶部，三层佛塔环绕着中央封闭的、不可逾越的佛塔，里面有未完成的佛像。这里象征“无色界”（纯粹的精神世界），是凡人无法到达的纯粹的智慧世界。

The Forbidden City

故宫

中国——北京

故宫，旧称紫禁城，是中国现存规模最大、保存最完好的木质结构古建筑群。它四周筑有10米高的城墙，墙外有52米宽的护城河环绕。在1421—1911年，这里一直是中国的皇家宫殿，也是明、清两朝共24位皇帝（从明成祖朱棣到清朝末代皇帝溥仪）的居所。

P188
神武门位于内廷附近，与南侧的午门同在中轴线上。御花园就在内廷与神武门之间，亭台楼阁掩映其中。

P189 上
俯瞰紫禁城，可见其整齐划一的布局。紫禁城是明成祖朱棣兴建的，他于1421年将都城从南京迁到北平，并将北平更名为北京。

P189 下左
故宫城墙的四角各有一座精巧的三重檐角楼，虽是警戒守卫之用，但外观和城中的楼阁并无二致。

P189 下右
午门以内是故宫的第一进庭院，当中有弧形的内金水河横亘东西，金水河上有5座桥梁。画面远处的背景是外朝宫殿大门——太和门。

故宫占地面积约72万平方米，专供皇室起居与朝廷办公使用，普通人禁止入内，因此得名“紫禁城”。这座城中之城内约有宫室9000余间，当年大约有近万人在里面生活。

城墙内的殿宇都是在石台阶上修筑的木制建筑，坡屋顶铺着黄色琉璃瓦。这些殿宇依其布局与功能划分为两个区域：南区是朝政区（外朝），北区则是生活区（内廷）。有四个城门可以出入故宫，其中三个门位于南区，只有神武门在北区，可直接进入皇室生活起居的空间。故宫内最重要的宫殿都建在南北中轴线上，每座宫殿都有一个诗意的名字。从南门进入，参观者进入第一进庭院，能看到金水河从这里流过；穿过太和门，来到第二进庭院，这个巨大的庭院至少可以容

P190 上
狮子雕塑在故宫内很常见，它象征着尊贵与权威。

P190 下左
太和殿前的铜鹤，象征着祥瑞。在中国人心目中，许多鸟都与福瑞祥和有关，此外蝙蝠图案也象征着好兆头。

P190 下右
通往太和殿的坡道——御路，是为皇帝的轿辇准备的。御路上装饰着龙和祥云图案，这些图案交织在一起，仿佛攀缘的植物。同时期御用的丝绸和锦缎上也有此类图案。

纳90000人，三大殿的阶梯式平台就在面前。

三大殿从南到北依次排列。第一座是太和殿，是整个故宫最大的建筑。大殿中央是御座，皇帝就在这里主持朝政，举行各种仪式，接受百官朝拜。另外两座是中和殿和保和殿。三大殿后面的乾清门通向皇室生活区——内廷，其中有亭台楼阁、宫殿和花园供皇室成员使用。内廷的核心建筑被设计成外朝三大殿的镜像，从南到北依次是乾清宫、交泰殿和坤宁宫，合称后三宫。再向北是传统园林风格的御花园，占地约12000平方米，园中央坐落着钦安殿。后三宫的东西两侧，分布着妃嫔、宦官和奴仆的房舍院落，还有寺庙、藏书阁、戏楼以及大大小小的花园。

P190-191

太和殿前的铜龟，长着龙头龙爪。龟寓意长寿，也代表了地位。打开铜龟的背壳，它可以被用作香炉。

P191 下

太和殿前的御道上雕刻的蟠龙。从13世纪开始，中国艺术对西方文化产生了巨大影响。

故宫建筑群的色彩搭配卓越不凡：汉白玉的台基、台阶和栏杆，红色的木质结构和墙壁，金黄色的屋瓦，彩绘的斗拱，处处绚丽动人。斗拱兼具实用性和装饰性，可以起到支承屋檐重量的作用。

历史上故宫频繁遭遇火灾，有些是意外，但也有一些是人为导致的，今天参观者看到的故宫已经历过多次重修。尽管如此，紫禁城依然美丽而庄严，透出无尽魅力。

P192-193
乾清宫的皇帝御座。皇帝有时在这里召见臣子，批阅奏章。太和殿里也有一个御座，但那里主要用于举行重大典礼和朝会。

P192 下
故宫宫墙、宫门及室内外墙壁等颜色以红、黄为主，代表“皇权至上”。特别是黄色，是皇家专用。

P193 上左
皇后的宝座被安置于内廷乾清宫之后的交泰殿内。

P193 上中
故宫里雕梁画栋，色彩绚丽。这些涂有红漆的柱子由从云南和四川运来的珍贵的樟木制成。

P193 上右
后三宫两侧对称分布着东、西六宫（图中为西宫各院）。开在中轴线上的一道道宫门，朱漆彩绘，将各院落贯穿起来。

P193 中左
大殿屋脊上刻有一排神兽，排在最前面的是骑凤仙人。他们居高临下，保护着大殿。屋檐上的瓦当和滴水都雕刻龙形，画面左下角有一个龙头造型的大滴水。

P193 中
富丽堂皇的大殿里陈设很少。重要的陈设只有香炉和防火用的盛满水的铜缸。

P193 中右
清末实际的当政者慈禧太后曾在养心殿垂帘听政。相传，光绪宠妃珍妃被慈禧太后投入井中处死。

P193 下
故宫的狮子似乎是各种动物糅杂在一起的产物。太和门前面的这两只镀金铜狮，阔嘴卷鬃，前爪下的绣球暗指皇帝的权力和对疆域的掌控力。

The Registan

列吉斯坦广场

乌兹别克斯坦——撒马尔罕

征服中亚大部分地区和印度北部之后，蒙古族领袖帖木儿选定撒马尔罕作为首都。他兴建了一座象征着霸主权力的都城，撒马尔罕城因此流芳百世，成为帖木儿帝国文艺复兴时期的杰作。

帖木儿帝国时期的建筑以砖砌的圆顶和宣礼塔为典型特征，其所用的砖块由麦秸、黏土、沙子和骆驼尿制成，以精美的彩陶瓷片贴面，瓷片的色彩从灰蓝过渡到天青色，这是帖木儿最喜欢的颜色。正是这些熠熠生辉的瓷片，为撒马尔罕赢得了“蓝色之都”的美称。

P194 左
希尔-多尔神学院的圆顶和宣礼塔上的装饰属于乌兹别克风格。马赛克镶嵌和彩绘瓷砖很精致，但不及帖木儿王朝的陶瓷工艺水平。

P194 右
列吉斯坦广场上排列着三座神学院，图中从左向右依次：兀鲁伯神学院、季里雅-卡利神学院和希尔-多尔神学院。

P195 上
兀鲁伯在因其得名的神学院里教授数学和天文学。

P195 下
在季里雅-卡利神学院入口处的角落，可以看见粗犷的猛虎图案。

P196上和P198-199
季里雅-卡利神学院的入口高度超过30米，在建筑内部投下巨大的阴影，暗影中，学院内部布局依稀可辨：弧形的空间，马赛克和方砖拼砌的半穹顶，几何形状和花草样式的装饰图案，靠墙的走廊上开出的通道和窗子。

P196 下左
季里雅-卡利神学院的圆顶装饰着花草枝蔓图案，组成一个个同心圆。圆顶以下的鼓座部分是一组连拱，华丽的拱肩上窗子和其他充满魔幻感的建筑元素交替出现。

P196 下右
季里雅-卡利神学院是列吉斯坦神学院建筑群中最受瞩目的，由布哈拉汗国君主巴哈杜尔所建。在学院入口的左侧，约122米长的建筑立面上方，显现出熠熠生辉的蓝绿色圆顶。

P197
季里雅-卡利神学院朝拜壁龛（1979年修复）因其明亮的蓝色和金色装饰而更加引人注目。这里的壁纸装饰工艺世上罕见，仅有的三例都在撒马尔罕。

列吉斯坦（意为“沙地”）是一个很大的广场，周围矗立着诸多建筑。这样的广场是典型的帖木儿帝国时期建筑形式，它是集市的所在地，也是市民开展政治和诉讼活动的公共场所。列吉斯坦现在是一个巨大的博物馆，但建筑本身的魅力依然未减，令人惊叹。广场三面矗立着三所神学院，三所学院建筑的立面都朝向广场，入口宏伟高大，圆顶绚丽夺目。该设计的灵感来自多个方面：建筑布局受乌兹别克建筑和萨非王朝（又译萨法维王朝）建筑影响；建筑类型来源于塞尔柱帝国的建筑；神学院的传统布局是四个带拱顶的房间围绕着一个有拱廊的庭院，这是经典的贵族宅邸设计；师生住宿和学习的单人小室和房间源自拜火教修道院；高大入口的设计则受到萨珊王朝建筑的启迪。

三所神学院中最古老的一座，是由帖木儿之孙兀鲁伯负责建造的，他也是一位天文学家和数学家。兀鲁伯神学院建于1417—1420年，位于广场的西侧。它正面高大的入口两侧是两根螺旋形的柱子。建筑的表面装饰着典型的伊斯兰风格几何图形、书法、花草和阿拉伯纹饰。兀鲁伯神学院因年代久远，原貌受损，最初的神学院有两层，内有50间单人小室且四角各有一个圆顶。

另两座神学院——希尔－多尔神学院和季里雅－卡利神学院，是在帖木儿帝国灭亡后，由撒马尔罕的新统治者雅朗图什·巴哈杜尔下令建造的，可以追溯到17世纪。希尔－多尔神学院建于1619—1636年，位于广场东侧，它又称“群狮神学院”，因为学院门廊的角石上雕有狮子的形象，这是传统的波斯纹章。季里雅－卡利神学院在列吉斯坦广场的北侧，修建于1647—1660年，“季里雅－卡利”意指黄金，源于这座建筑富丽堂皇的贵金属装饰。神学院内有一座雄伟的清真寺，其蓝绿色的圆顶十分醒目，两旁宣礼塔上有蓝色的小圆屋顶。两层的拱廊映出学生的单人小室。清真寺建在学校内，象征着人们对宗教研究日益浓厚的文化兴趣。

列吉斯坦广场南边是空旷的，只在角落上立了一根柱子。

所有来访者都对列吉斯坦广场叹为观止。所以难怪欧洲人一提到撒马尔罕，便会联想起奇异富庶的东方。

The Potala

布达拉宫

中国——拉萨

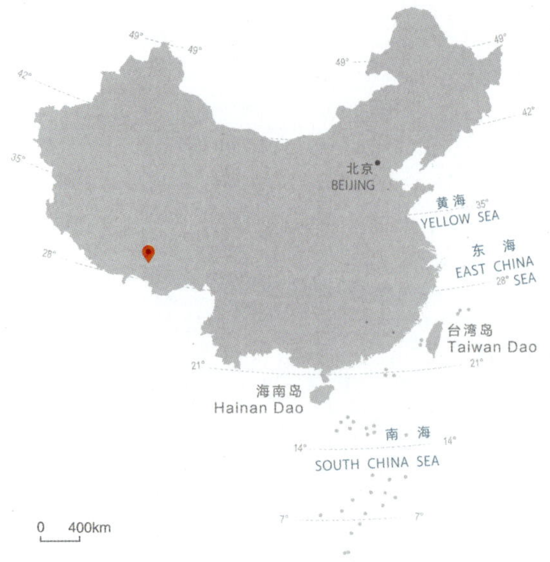

白色和红色的墙，金色的顶，4个世纪以来，布达拉宫一直是拉萨乃至西藏的象征。布达拉宫是世界上海拔最高的城市之一——拉萨（海拔3700多米）最高的建筑，朝圣者和游客看到它时，就意味着圣城拉萨近了。

“布达拉”来自梵语，意为观世音菩萨的住地，在藏传佛教中达赖喇嘛则被认为是观世音菩萨的化身。布达拉宫的历史可以追溯到吐蕃王松赞干布时期。7世纪，松赞干布统一西藏，弘扬佛教，迁都逻些（今拉萨）。传说布达拉宫就是为迎娶唐朝文成公主和泥婆罗（今尼泊尔）尺尊公主而建，两位公主都是佛教徒。17世纪中叶，五世达赖决定把政权中心搬离哲蚌寺，新的政权中心选在了松赞干布当年修建宫殿的地方——玛布日山（即红山）。18世纪末，夏宫罗布林卡建

P200 左
从高处俯视白宫，一排排窗户和挑檐俯瞰着青藏高原广袤的景观，下面是一段台阶的顶部。

P200 右
进入东大门，一座巨大的庭院展现在眼前。几个世纪以来，德央厦一直是参观者进入布达拉宫前休息的地方，也曾是喇嘛们举行宗教舞蹈表演的场地。

P201 上
巍峨庄严的布达拉宫像堡垒一样雄踞玛布日山之上，南坡的蹬道仿佛是这座堡垒的又一道防护。建筑表面的不同颜色对应着不同的建造阶段和建筑功能：白宫是居住之地，红宫是宗教场所。

P201 下
布达拉宫的外部装饰在颜色上有细微的变化，屋顶上的宝瓶和神兽是用于保护建筑的。

成后，布达拉宫只用作冬季住所。但从那时起直到西藏和平解放，布达拉宫一直是西藏地方政府所在地和达赖喇嘛进行宗教活动的中心。

布达拉宫分为白宫和红宫两部分。五世达赖于1645年开始重建布达拉宫，只用三年时间就完成了九层白宫的建造。他旋即在白宫处理政务，后来继续将这里作为自己的住所。红宫的修建时间更长，过程更为曲折复杂，直到1694年才完工。红宫主要用于宗教用途，五世达赖喇嘛于

P202 上
这排狰狞的神兽如许多佛教造像一样，被设计得恐怖骇人。它们高踞红宫大门的柱顶过梁之上，看守着红宫。

P202 中
红宫入口的大门木雕精美，色彩艳丽。

P202 下
从通往红宫内庭的门廊望去，木质梁柱和墙壁基本都是红色。

P202-203
红宫金顶是鎏金装饰的，屋顶上还有宝瓶和尖顶。这里常见黄色的帘帷与华盖，起到装饰和遮阳的功能。

P203 下
白宫入口处的鎏金经幢，其上刻有许多佛教图案与经文。

1682年圆寂后，消息过了十余年才公开宣布，以免工程中断。

布达拉宫主楼共13层，高约116米，有房屋约1000间、各类文物7万余件和8座达赖喇嘛的灵塔。玛布日山南坡有上山蹬道，从山脚下的雪城开始，沿着陡峭的蹬道上行130米，就来到了布达拉宫的东大门。进入东门是一处开阔的庭院，名为德央厦；经过德央厦，拾级而上进入白宫，达赖喇嘛曾经的寝宫即在此处。参观者从那里可以进入红宫，它位于白宫群的中央，像一支乘风破浪的巨筏，是这个宫殿群中最引人注目的部分。

红宫内部富丽堂皇而又神秘庄严的装饰让人印象深刻。西侧的寂圆满大殿是一座面积为725平方米的纪念堂，里面仍然保留着六世达赖喇嘛的宝座。在雄伟的五世达赖灵塔殿中，占据主要位置的是五世达赖喇嘛的灵塔，它极为高大华丽，高约14米，由黄金和无数珠宝装饰，两侧分别是十世和十二世达赖喇嘛的灵塔。此外还有七

世、八世、九世和十三世达赖的灵塔殿，以及供奉着十一世达赖灵塔的世袭殿。坛城殿有三个巨大的铜制坛城，供奉宝石镶嵌的密宗三世佛。位于红宫最高处的是三界兴盛殿，这里保存着大量珍贵的经书。圣观音殿是布达拉宫极为特别而美丽的圣殿，据说是松赞干布所建宫殿的遗存。在它下面一层的法王洞也是那一时期的宫殿，松赞干布曾在这里静坐修法。

布达拉宫依山垒砌、层层套接的建筑形式，代表了原始的藏族建筑风格。这个建筑群整体规模宏大但单元结构简洁，与周围环境和谐统一，似乎是从所在的山中生长而出。

The Castle of Hime-ji

姬路城

日本——姬路

P204左和中
大天守阁起伏的屋檐曲线以及坡屋顶上顶窗所形成的几何图案，从外面看让人认为建筑有五层，而实际上里面有七层。屋顶起伏交替的线条造型优雅，屋脊上防火辟邪的神兽和檐口的铜质滴水都极富装饰性。

P204 上右
姬路城内部全部是木制结构，较低楼层由巨大的木梁支撑，并由巨大的支架加固。

P204 下右
高层的楼板和窗户结合得非常雅致：内部优雅的装饰让人很难想到城堡竟然是出于军事目的而建。

P205
从西南方这个角度观察姬路城的防御系统，壕沟、城垣和门都清晰可见。大天守阁高约46米，被小天守阁环绕着。白色亮丽的建筑看上去宛如一只展翅欲飞的白鹭。

姬路城是一处军事要塞，也是日本仅存的5座完整保留下的古城堡之一，它造型优美，外墙由白灰浆粉饰，洁白亮丽，因此又有“白鹭城”的雅号。姬路城位于姬路市，距离大阪市约50千米，整座城池是军事需要与艺术性相结合的典范。比如，白色灰浆涂在木结构墙上，除了美观，也有防火的作用。姬路城建于1346年，曾于1580年重建，它目前的模样则归功于1601—1609年大名池田辉政的设计。池田参考了安土天皇的居所，把白鹭城改建得更加易守难攻。

姬路城由80多座建筑组成，分别建在三道环形城墙内，每道城墙都设有壕沟、望楼和坚固的城门。城墙高约15米，因此隐藏了内部建筑；城内是迷宫般的小巷和通道，可以迷惑入侵者，防止他们长驱直入。

内城中央的大天守阁是主要望楼，也是姬路城的制高点。这座五层城堡，是封建领主“大名”的居所。它建在坚固的山岩之上，坡屋顶下屋檐起伏，旁边有三座较小的望楼，被称为小天守阁。

中间一环的城内，是高级将领的居所。最外面的环城则是中级和下级将士兵营，还有寺庙、弹药和食品仓库等。

姬路城所处的地区，台风频袭、地震多发，然而姬路城经受了400余年自然灾害的考验，依旧美丽而坚固。

The Mosque of the Imam

伊玛目清真寺

伊朗——伊斯法罕

宝蓝色基调的伊玛目清真寺建于1612—1638年，是通过建筑宣扬宗教价值观的杰出例证。清真寺巨大的主穹顶是一个双层同心的拱顶结构，其造型稍扁，内部镶嵌的精美瓷砖组成缤纷的花草图案，在光线照射下泛出变幻莫测的光泽，更给清真寺增添了一份华丽。在清真寺入口处壮

P206 左
清真寺的中央庭院十分开阔，庭院的围墙由两层拱廊构成。

P206 中
花草图案和抽象的几何图形把建筑的外观装点得绚丽多姿。

P206 右
伊玛目庭院的南侧伊旺两边各有一个宣礼塔。

P207
从空中俯瞰互相呼应的伊玛目清真寺与伊玛目广场。

观的拱门两侧各有一座宣礼塔，令人惊异的是，遵循广场的设计规范，拱门正对着北面的伊玛目广场，而清真寺的主体建筑却正对着西方麦加的方向。

寺内设计装饰之华丽同样令人目不暇接，宽敞的内部结构丝毫没有损害伊斯兰文化中崇尚简朴的理念和礼拜者的需求。参观这座建筑可以从正门开始，那里的门廊装饰着一座宏伟华丽的半穹顶，上面有极具特色的珐琅马赛克镶嵌的钟乳石檐口。壁龛式大门镶着雕花的镀金银匾，通向一段甬道和一个前庭，前庭几乎是整个建筑的中心。从前庭进入中央庭院，四所“伊旺”（iwan，一种伊斯兰建筑中的拱形结构）环绕着庭院，通向带拱顶的礼拜堂。

在庭院中心，净礼池的水映照出绚丽多彩的伊旺正面。东北方的伊旺，由于寺庙建筑主体与正门不在一条轴线上，看上去像是门厅的延续，它的装饰尤其富丽堂皇。

西侧伊旺内设有一个金色的讲道坛，伊玛目（伊斯兰教教职称谓，即领拜师）会在这里主持

礼拜；东侧伊旺有一个高大的门廊，门廊外壁的下半部分砌着大理石，周边铺着蓝色的珐琅砖。门廊内部表面装饰着大理石，半圆顶的拱顶上点缀着珐琅彩的钟乳石檐口，最后一座礼拜大厅上覆盖着穹顶。

南侧的伊旺是最令人印象深刻的：它的两侧建有宣礼塔，其上部挑檐用一系列钟乳石檐口装饰，在主礼拜堂也采用了同样的设计。主礼拜堂里的米哈拉布（朝拜墙上的壁

P208 上左
清真寺里的主要空间由两个长方形的礼拜堂组成，它们通过一系列宏伟的拱道与主殿相连。

P208 上右
房间之间的拱道上装饰着珐琅彩花草纹饰图案、几何图案和经文。

P208 中
清真寺内壁龛的凹面画有宝蓝底白字的《古兰经》经文釉彩。

P208 下左
瓷片的宝蓝色加强了清真寺的光线效果。这个拱顶具有流线型结构，以解决牢固度和重量问题。

龛，方向正对麦加）建于1666年。四方形的礼拜大厅里，四个鼓座向上转化成八边形的拱肩，构成了高大的穹顶。

两条宽阔的甬道给寺庙带来了特殊的光线效果，突出了建筑的轻盈感。通过甬道可以到达其他小礼拜堂，那里有两个较小的米哈拉布。清真寺的角落里还设有伊斯兰的讲堂，讲授《古兰经》。

P208 下右
伊玛目清真寺的拱顶金碧辉煌，镶满金色和蓝色的釉面瓷片，上面绘有几何图形和花卉图案。其表面装饰有阿拉伯式的花纹和弧形饰条，连续的内凹空间由拱肩和帆拱连接。

P208-209
庭院中的净礼池倒映着各种蓝色调的陶瓷装饰，庄严巍峨的尖拱是伊旺的入口。

P209 下
东侧和西侧伊旺的入口具有带半穹顶的拱券结构，上面有金色和蓝色的钟乳石檐口。

The Taj Mahal

泰姬陵

印度——阿格拉

泰姬陵位于印度北部的阿格拉城内，亚穆纳河的右岸。这座白色大理石和红色砂岩构筑的建筑是对一段永恒爱情的纪念——莫卧儿王朝的沙·贾汗皇帝为纪念他最爱的“宫中翘楚”（the chosen one of the palace）穆塔兹·玛哈尔王妃，花了17年时间和大量的资源建造了这座无与伦比的陵墓。

泰姬陵主殿矗立在巨大的长方形陵园的北部，其四角各有一座八角亭。园内的大部分面积被“田”字形的花园占据，这在波斯传统观念中代表天堂花园，其采用对称式设计，花园正方形的各部分被十字形水道分隔开。

P210 上
从亚穆纳河对岸的一处废墟远望泰姬陵。泰姬陵是莫卧儿王朝伊斯兰艺术的杰作，然而这个杰作在沙·贾汗的末代后裔死后被遗弃，成为废墟。针对它的偷盗与掠夺持续了大约200年，直到泰姬陵被修复并被奉为永恒。

P210 下
陵区北门入口是一座高大的伊旺，四面都开有内凹的尖拱，这种样式在整个建筑群中大量运用。在尖拱周围镶饰白色大理石，与建筑整体的红色砂岩形成鲜明的对比。镶嵌在白色大理石上的黑色大理石以及各色石头（至少43种），组成了精美的植物图案和《古兰经》经文。这些镶饰越往上尺寸越大，但观察者在下方观看时的视觉效果上大小相同。

P211 上

泰姬陵主殿两侧矗立着两座一模一样的建筑，都由大理石和红色砂岩砌成，顶部有三个球茎状的圆顶。西侧的清真寺真正用于礼拜，东侧的被称为“答辩厅”，可能是为了与西侧建筑达到美学平衡而建。

P211 下

泰姬陵是沙·贾汗皇帝为了纪念他的王妃姬蔓·芭奴（封号穆塔兹·玛哈尔）修筑的陵墓。它坐落在一个占地甚广的四方形花园里，这座花园工整对称的形式在伊斯兰艺术中代表完美。花园的中央水池映出的倒影是陵墓的正面。泰姬陵坐落在一个约7米高的基座上。基座四角的宣礼塔、中央的大穹顶以及晶莹的白色大理石外观赋予泰姬陵显而易见的独特性。

两座一模一样的建筑沿着陵园的长边相对矗立在泰姬陵的两侧，一座是清真寺，另一座是答辩厅，实现了对称之美。从围墙南侧的宏伟入口可以看到整个建筑群。赭红色砂岩镶嵌着白色大理石，白色大理石上又镶嵌着各色奇石，产生奇特的色彩效果，令整座陵墓焕发出淡淡的光彩。泰姬陵主殿建在一个白色的方形基座上，四个角分别立有宣礼塔。建筑顶部的球茎状穹顶是整个建筑的特征元素，穹顶下方就是开阔的中央墓室，在墓室中心镂空雕刻着网格的大理石围屏正中，安放着穆塔兹·玛哈尔王妃的空石棺。在它的旁边是沙·贾汗国王的空石棺，国王的石棺稍

P212-213
泰姬陵通体坚实，但其造型和精致的镶饰又使建筑变得柔和。在周围环境的映衬下，白色大理石的色泽让建筑愈发显得明朗圣洁，非常醒目。

P212 下
泰姬陵正面的大理石书法镶饰是伊朗著名书法家阿马纳特·汗的作品。他是唯一在这座建筑上署名的艺术家。

P213 上
泰姬陵的内部装饰精美，这种大理石雕饰是一种高超的印度工艺，从14世纪开始闻名于东方。

P213 下左和下右
这些装饰用的宝石来自远方：翡翠、水晶和绿松石来自中国，天青石来自阿富汗，贵橄榄石来自埃及。

微偏离中心，其被设立在这里并非出自本人的意愿。真正的皇家墓穴就位于空石棺的正下方，也与石棺同样位置并不对称。泰姬陵在整体布局上比例和谐，讲究对称统一，局部设计上也经常反复地运用相同的元素，如塔尖、檐口、墙壁上的书法和植物图案等细节，使得这座建筑呈现出视觉上的和谐统一。

泰姬陵曾经遭劫，尽管陵内奇珍异宝被洗劫殆尽，但建筑本身依然是莫卧儿王朝奢华建筑的不朽典范。我们欣赏它的空间布局，看它在基本的方形要素上如何展开几何变化；赞叹它的巧夺天工，看它如何既保持印度建筑大量使用石材的特点，又能在庭院、内部空间和球茎状穹顶设计上巧妙地融入波斯伊斯兰艺术风格。

尽管不断变化的环境条件使泰姬陵的状况岌岌可危，但这处久负盛名的旅游胜地依然魅力不减。其中一个例子是，亚穆纳河的河道改变了，河面却恰好能映出泰姬陵沉静安详的倒影。在光影变幻的晨曦中，泰姬陵风姿绰约，令人心醉。

P214 上

米哈拉布是清真寺的一个典型设施。它是建在穆斯林麦加朝拜墙上的壁龛，伊玛目在那里指导信徒祈祷。米哈拉布代表麦加所在的方向和礼拜时所对的中心位置，传统上也代表穆罕默德在自己房内念诵祈祷文的地方。

P214 中

这座富丽堂皇的陵墓建造历时17年，征用了大约20000名工匠。为了供工匠住宿，附近兴建了一座名为“穆塔兹”的小镇，也是皇帝为了纪念逝去的爱妃而命名。

P214 下

陵寝两侧的清真寺和答辩厅各有三个球茎状穹顶。红色的石灰岩取自附近的采石场，勾勒出建筑的长方体外轮廓，与白色大理石的穹顶和正面镶饰形成绝妙的对照。

P214-215
清真寺的内部装饰遵循伊斯兰传统，各类几何图形、花草纹饰图案和谐地沿内侧墙壁分布，还有摘自《古兰经》的经文。

P215 下
由于伊斯兰教禁止描绘人像，因此泰姬陵的装饰物基本都是花草图案。图为用非写实手法雕在一块红砂岩镶板上的植物。

The Royal Palace

泰国大王宫

泰国——曼谷

位于曼谷湄南河畔的大王宫始建于1782年，由却克里王朝的开拓者拉玛一世建造。泰国至今仍为却克里王室所统治，大王宫也依然是王室的居所。但是，几个世纪以来，每一代君王都想通过加建自己的宫殿来为大王宫添砖加瓦。如今的大王宫就是这样形成的。它是一组集不同时期不同风格建筑为一体的建筑群，是泰国建筑的精华和宝库。

P216 左
玉佛寺的围墙之上，形态各异的佛塔和多彩的屋顶勾勒出美丽的天际线。

P216 右
大王宫兜率殿的传统屋顶，装潢富丽多姿，屋檐是涡形花样，屋顶上则有镀金佛塔。

P217 上
玉佛寺附近各种类型的建筑：有从印度悉卡罗塔（shikhara）演变而来的邦塔（prang），塔身造型类似玉米棒，非常醒目；还有一般所谓的舍利佛塔，呈尖细的圆锥形。

P217 下
19世纪末，泰国王室修建了新文艺复兴风格的建筑却克里宫，并在拉玛五世的授意下为其加上了一个泰式屋顶。

苍白的裸墙和顶部有细长尖塔的朴素入口环绕着整个大王宫。它们不是专门构造出的围墙，其本身就是一种建筑形式。宫殿中另一个反复出现的主题是屋顶，上面有弯曲的线条和饰物，采用泰国惯用的耀眼的橙色。

通过一座庭院可以来到大王宫内的玉佛寺，寺庙内有许多建筑并不是为了供奉和崇拜神，而是根据泰国的传统，供人冥想和保存圣器与遗骨。这座寺院的设计是对泰国古老文化的致敬，也

反映了泰国文化与印度文化的渊源。

玉佛寺的一切都那么引人入胜：色彩明快的彩陶、马赛克和石灰墙的彩绘；高大的神怪塑像和各种造型的装饰，如大鹏金翅鸟像（神话中毗湿奴骑的神鸟）、夜叉、紧那罗（佛教天神之一，人面鸟腿）和天女等。

墙上的壁画讲述的是《拉玛坚》（*Ramakien*）的故事，它脱胎自印度史诗《罗摩衍那》（*Ramayana*），这里的诠释融合了印度、僧伽罗（今斯里兰卡）、缅甸、中国、高棉（今柬埔寨）和欧洲文化的因素。

玉佛寺内最著名的建筑是大雄宝殿（建于1785年）。殿前台阶上有铜狮守卫，殿内有一座长方形的受戒厅，里面还供奉着一尊宏伟的通体翠绿的玉佛，被称为“翡翠佛”，可以追溯到15世纪。

在受戒厅前的台阶北侧，还有其他有趣的建筑：一座是碧隆天神殿，是祭祀却克里王室的宗庙，这是一座呈十字形的豪华殿阁，殿顶为重檐，铺着橙色的瓦，镶着绿色的檐边；一座是拉玛四世所建的黄金舍利塔，因其一层一层的金质塔顶而得名；还有一座是正方形的藏经阁，其四角

P218 左
大王宫凝聚了绘画、雕刻和装饰艺术的精华。

P218 中上
曼谷大王宫庭院内的镀金雕像，表现的都是半人半兽，代表超自然的生灵。

P218 中下
这座黄金舍利塔基座由夜叉王守护，在邦塔的衬托下，高耸在大王宫中。

P218-219
玉佛寺内西北方耸立着巨大的乐达纳舍利佛塔（Pra Sri Rattana chedi），塔内保存着佛祖的胸骨舍利。

P219 上
节基宫后面的兜率殿和旁边的玛哈蒙廷殿。玛哈蒙廷殿一度是法庭所在地，也曾是很多国王的寝宫。

P219 下左
玉佛寺的橙色围墙由夜叉王塑像守卫。这些戎装打扮的雕像，一脸凶煞之气，守卫着这方神圣所在。

P219 中
大王宫建筑的装饰精美绝伦，殿阁、佛塔和神龛上装饰着几何和花卉图案的彩色马赛克、光亮的瓷砖和陶瓷浮雕。

P219 下右
玉佛寺里巨大的夜叉王塑像上装饰着浮雕和彩绘的图案。塑像的皮肤颜色包括白色、红色或绿色。

有四座巨大的14世纪的石佛雕像，多层阁顶上是一个典型的泰式塔尖。

穿过玉佛寺的两重门，就来到了大王宫最大的区域，这是一个内部庭院，君王处理公务、举行庆典以及皇室起居都在这里。兜率殿又称律实宫，是一座泰国传统宫殿建筑，具有传统的十字形平面，五层重檐的屋顶上有一个皇冠形的尖顶。兜率殿是拉玛一世为自己的加冕典礼和各类仪典建造的。

玛哈蒙廷殿是拉玛三世在19世纪上半叶建造的，其中包括了阿玛林宫（先前的王宫大殿）。而却克里玛哈帕萨宫（简称却克里宫）是拉玛五世在1882年委托英国人所建，这座特别的宫殿是维多利亚式的新文艺复兴风格，但有典型的泰国尖塔形屋顶。最后，悉瓦拉埃御花园是拉玛四世建造的王室居住地和水晶佛堂的所在地。

The Bank of China Tower

中银大厦

中国——香港

P220
大厦内部的露天广场上方是一个大型的菱形采光井。

P221 左
大厦夜景。香港的夜空映衬出中银大厦纯净的外形。

P221 右
中银大厦不只是世界上最高的大楼之一，还常常被认为是清晰表现几何线条的成功作品。

香港的中国银行大厦有70层，高315米，其建成时是世界第五高建筑物，也是当时香港最高的建筑物。中银大厦有这样的高度一是因为当地土地有限，二是建造者希望建成城中最高的建筑。

贝聿铭设计的这座庞大的塔楼由四组三棱柱组成，其基底为方形。大厦于1990年竣工，极具吸引力的外形与天空融为一体，其建筑构图是严谨的几何图形，灵感来源于竹子的自然形状。这座建筑杰作的新奇之处在于，从大厦的外部可以看到建筑的结构框架。

大厦的框架结构设计将其自身重量分散到四根巨大的角柱上，从而不需要从内部进行垂直支撑。这一设计意味着可以节省大量的钢材。外墙上的巨型交叉钢架的作用是确保大厦能够抵御频繁出现的台风；根据计算，大厦能经受时速230千米的台风。通过巨大的中庭，中银大厦可以与城市其他部分和谐交融，中庭有两层，可以从两侧进入。

贝聿铭这座雕塑式建筑属于与“路德维希 · 密斯 · 凡 · 德罗式玻璃三棱柱的长久统治”相对抗的一代摩天大楼，其设计与周围建筑的形式紧密相关（这种关系有时非常严格）。中银大厦的雕塑式极简主义是建筑设计中最出色的范例之一，它试图解决摩天大楼与城市环境之间关系的难题。

The Air Terminal Kansai

关西国际机场航站楼

日本——大阪

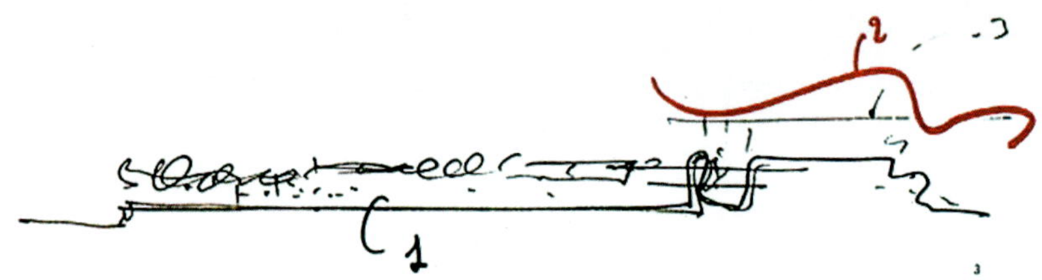

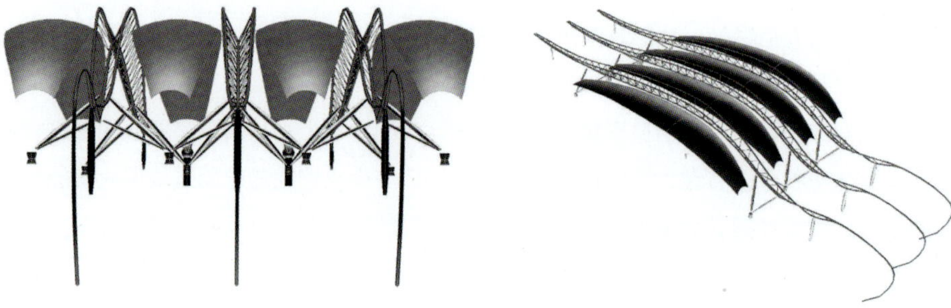

P222
充满张力的结构设计显示了设计的模块性，其基础是建筑元素的整合。

P223 上
暮光中的航站楼愈加美丽，使被包裹在宏伟的金属外壳中的建筑内部更加清晰。

P223 下
在图片的中心处，关西国际机场航站楼的出现打破了周围建筑的直线线条。

极具未来感的关西国际机场位于大阪，是世界上第一座填海造陆而建的机场，它矗立在一座长4000米、宽不到1000米的人造岛屿上。

当时的要求是，在大阪市区附近建造一座规模仅次于东京国际机场的机场，要能兼顾客运和货运。然而受地形的限制，无法在山脉和海岸之间找到一块适合的空间。因此，最终决定在海上完成这一艰巨的任务。

人们在距海岸线大约4000米处加固海床（大约18米深处），然后覆盖上约1.64亿立方米的土量。在海岸和人工岛之间修建好一条高速公路后，建筑工程正式开始。除了机场之外，海岛还建有一个供轮渡和水翼船停泊的海港。

P224-225
内部洒满阳光的关西国际机场航站楼的曲线让人联想到海洋生物的骨架。该建筑矗立在一座人工岛上，与大海关系密切。

P224 下
桁架支撑着航站楼的屋顶。在图片左边，可以见到一部分用来散射自然光的特氟龙膜。

P225 上左
除了结构功能之外，出发大厅的大型倾斜支撑结构还形成了一个欢迎旅客的“大门”。

P225 下左
航站楼内部各个楼层的总高度达36米，关西国际机场每年吞吐2500万人次，极大地减轻了东京国际机场的负担。

这座巨大的建筑坐落在一片地震多发的海域中，日本人曾对这片海域既敬畏又崇拜。

1991年，建筑师伦佐·皮亚诺赢得设计竞标。为了尽可能地直接推进这项任务的完成，皮亚诺首先设计了工作指导手册。

总的来说，机场的整体设计基于一个可以逐步延伸的布局——如果有更多空间需求，建筑可以沿着轴线在至少一边继续延伸。这种方法使得建筑过程得以简化，机场的建设仅仅花了三年时间。

整个设计都围绕着一座南北长约1700米的大楼进行。大楼中心部分是主航站楼，两侧是辅楼，都配有乘客登机桥。三部分由一个弯曲的不锈钢顶棚完美地连接在一起，这个顶棚的设计可以优化航站楼内部的空气流通。巨大的天井和整个航站楼等高，从地面一直延伸到开阔的金属天花板。

皮亚诺从大海中获得灵感，将航站楼的顶棚设计成海浪的形状，创造出流动般的结构，反映出自然和技术的共存，以及内部和外部的平衡。

建筑的架构支撑起巨大的钢铁和玻璃墙面，使自然光线穿过整个高科技的大楼，内部的人们可以透过玻璃看到海景。这种设计造成一种奇妙的效果：当行人穿过大楼时，他们会觉得自己像是在一个巨型海洋生物的骨架里穿行。

机场的屋顶被建造成滑翔机的样子，好似在天空翱翔。它由82000块钢板排列而成，并由网格状大梁支撑。网格状的大梁之间是特氟龙材质（氟聚合物材料）的幕帘，这种幕帘有两个作用：一是优化空气调节功能，二是在晚上，将人造光均匀地反射到下方的空间。

伦佐·皮亚诺及其设计工作室以特有的人文素质，高质量并且成功地完成了这一艰巨的工程。这也反映出这位意大利建筑师的宣言：想象力必须和技术能力相结合。

P225 上中
从中庭内部的视角可以看出，该建筑所采用的技术非常简洁。航站楼共使用了4100吨钢材。

P225 下中
航站楼内部的建筑面积约为12万平方米，主航站楼规模约为318米×153米，辅楼约为42米×677米。

P225 上右
风力测试显示了皮亚诺设计的结构的空气动力学特性。这里常年刮风，同时地震活动频繁。

P225 下右
起伏的屋顶显示了机场与大海的另一种联系。

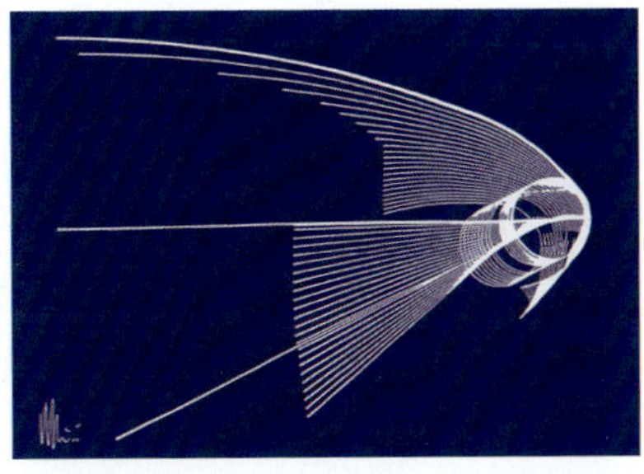

The Petronas Towers

吉隆坡石油双塔

马来西亚——吉隆坡

P226
西萨 · 佩里的设计图显示，该建筑的中轴线在两座塔楼之间，穿过天桥的中心。

吉隆坡石油双塔位于马来西亚首都吉隆坡，它的轮廓非常特别，其高度更为罕见。双塔建成于1998年，是当时世界上最高的建筑。即使是现在，其452米的高度仍旧可称得上传奇。整个塔楼有88层楼，绝大部分被用作办公室（第一栋塔楼是马来西亚国家石油公司的办公地），楼内配备了现代化的电梯系统，人们可以在楼层之间快速地上下往来。两座塔楼造型对称，高宽比例为9：4，设计具有伊斯兰文化的形式特征。它很快成国家和文化的符号，代表着马来西亚的政治和经济实力，也代表着马来西亚的公众形象。

吉隆坡石油双塔的建筑设计借鉴了伊斯兰传统建筑形式和装饰图案，并带有反复出现、交错缠绕的几何形的阿拉伯式花纹，曲线和角线横贯整个结构，勾画出大楼的外观。塔楼平面图的基础八角星形源于两个叠加的正方形；弯曲而尖锐的垂直结构组成了塔楼特有的装饰性弧形立面。在41～42层楼之间，双塔这对巨型“双胞胎”由一座天桥连接起来，天桥下部以钢筋支架加固，形成一个上下翻转的V字形。

在双塔的设计者——美国人西萨 · 佩里的构想中，吉隆坡石油双塔的中轴线位于天桥空间结构的中部。按其构想，天桥本身代表着“一个通往天空的入口，一扇通向无限的大门”。钢筋和混凝土为这座杰出的建筑提供了必要的稳定性，钢材和玻璃覆面极好地过滤并散射了赤道地

为了满足客户的需求，佩里对吉隆坡石油双塔的设计必须考虑到伊斯兰文化以及东南亚建筑的典型形态。

双塔塔尖之下是宽阔的办公区和商业区。双塔呈圆锥形，内部没有明显的支撑结构。

P229 上
吉隆坡石油双塔精密的结构使得在塔顶部分也有高挑的内部空间和其他结构。

P229 下左
吉隆坡的双子塔成为传奇，是因为它们足有88层，高达452米。

P229 右上
吉隆坡石油双塔的表面完全由不锈钢板和深色玻璃覆盖，保护其免受赤道强烈的光照影响。

P229 右中
1996年4月15日，世界高层建筑与都市人居学会宣布吉隆坡石油双塔为世界最高的建筑，这一头衔之前属于美国芝加哥的威利斯大厦。在支持该项目的金融财团（由马来西亚国家石油公司领头）的同意下，西萨·佩里不仅想打破世界最高建筑的纪录，还旨在创造一个引发公众想象力的合理高宽比（9：4）。

P229 右下
吉隆坡石油双塔内部还建有音乐厅、购物中心等设施。

区强烈的日照。双塔周围环绕着大片的花园和建筑物，塔底是一个大平台，里面有一个音乐厅和购物中心。它是吉隆坡市中心独一无二的标志，也代表着这个国家的现代化。

The Jin Mao Tower

上海金茂大厦

中国——上海

P230
大厦外立面的玻璃和金属覆层可以映照出外部的天气变化，使之和自然环境融为一体。

P231
金茂大厦的框架结构可以抗强震、御强风。

上海金茂大厦坐落于黄浦江东岸，上海老城区的对面，主宰着浦东新区的金融商业区的天际线。

上海金茂大厦高420.5米，有88层，曾是中国最高的建筑。大厦有52层用于办公或机电设备，顶层为观光大厅，其余的35层由君悦酒店所有，楼内共有60部直梯和19座扶梯。所有来到大厦顶部观景平台的人，都会忍不住赞叹足有21层楼高的酒店天井。两部电梯将游客从大厦一楼送到顶层观光大厅，所用时间不到一分钟，其速度让人称奇。钢铁塔楼的顶部覆盖着一个玻璃穹顶，将日光折射到酒店内。

金茂大厦的建筑参考了亚洲传统：四面锥形的造型源于宝塔的形状，这种设计是对中国历史和文化的致敬。大厦的建设花了四年时间，于1999年对公众开放。

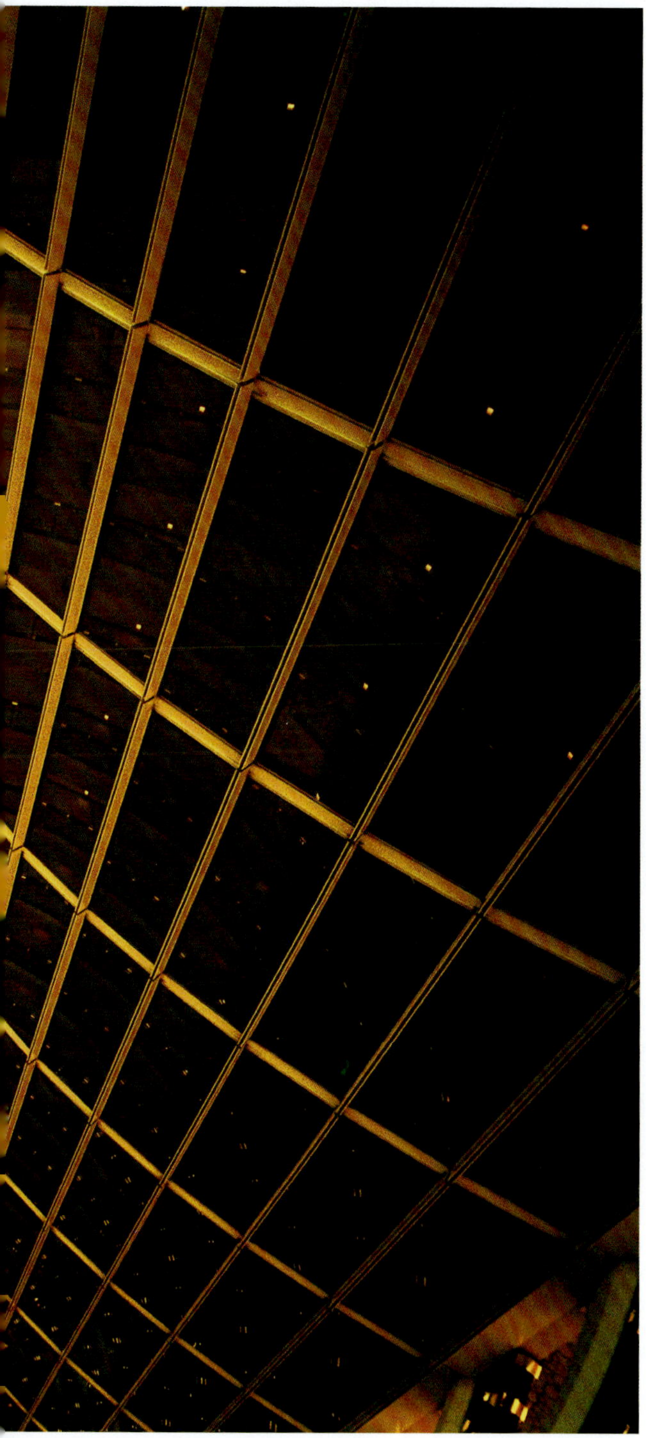

P232-233和P233上
从金茂大厦顶部的观景台望下去，君悦酒店的天井尽收眼底。

P233 下
上海金茂大厦由SOM建筑设计事务所设计，是现代上海的引力中心。

The Burj Al Arab Hotel

阿拉伯塔酒店

阿联酋——迪拜

阿拉伯塔酒店（又称迪拜帆船酒店）是世界上第一家七星级酒店。它所在的地区经历了快速而深远的变革，以适应“未来的迪拜”的发展。该酒店的创意最初由迪拜王储谢赫·穆罕默德·本·拉希德·阿勒马克图姆提出，凝结了3500名设计者想象力的结晶。历经四年的建造，阿拉伯塔酒店于1999年底落成，并迅速成为这个城市的标志性建筑。

阿拉伯塔酒店以航海为主题，就像来自《一千零一夜》一样梦幻。酒店的建筑结构就像帆船的桅杆和风帆：“桅杆”有321米高，上面挂着玻璃纤维和特氟龙材质的“帆”，如同鼓满了风一般，显得格外耀眼。整个建筑在白天呈白色，晚上如彩虹般绚丽多彩。

这座世界上最高的酒店坐落于阿拉伯海湾的一座

P234 上
俯视阿拉伯塔酒店深深的天井，风景极佳，让人觉得既奢华又晕眩。酒店第一层是迎宾的地方，以巨大的金色结构为主。酒店的设计处处都彰显出皇家的奢华显赫，要享受这些特权，客人每晚需支付数万美元。

P234 下
阿拉伯塔酒店宾客区顶层极具未来感的停机坪。一架直升机正在此降落。

P235上和下左
该塔令人惊奇地融合了反射效果和几何图形。三个垂直立柱由水平大梁连接，再由对角桁架加固。这种结构由钢铁和玻璃构成，以白色特氟龙材料覆膜。

P235 下右
图中展示了两个离岸边320米的曲型塔架，以及右下方的公路。

人工岛上，离海岸线有320米。经常有客人乘坐直升机抵达，降落在酒店顶部的停机坪上。而乘坐飞机抵达迪拜的客人则由劳斯莱斯接送，然后沿着一条戒备森严的道路到达酒店。

进入酒店大门后的景色颇为壮观：巨大的厅堂高约180米，中间有一座每半小时喷出30米高水柱的间歇泉。酒店内部，奢靡布置随处可见。该酒店不设普通客房，只有202间套房，面积从170平方米到780平方米不等，内置几十部电话、等离子电视、电脑等。

受海洋的启发，阿拉伯塔酒店仿照帆船的形状而建。“桅杆”（垂直的塔柱）与两根弯曲的支柱相连构成了风帆的造型。

P237 上
每层楼房的众多区域都由笔直的通道连接，通道沿着外部的“风帆”而设。酒店的中心空间是一个54层楼深的采光井，这就使得下面大厅高达180米。

P237 下
从下往上看，阿拉伯塔酒店的内部就像是一个由套房组成的蜂巢。巨大又明亮的金色锥形立柱上面装饰着拱顶，这一设计灵感来自伊斯兰传统建筑。

酒店风格由现代化的阿拉伯帝国风格和阿拉伯折中主义风格相结合，并以巴西和意大利进口的大理石、丝绸，以及镶有22K黄金叶片的墙壁相诠释。酒店的每一处建筑特征都旨在“制造惊艳”，并创造出一个富丽堂皇的奢靡之地，供极少数人享受挥金如土的快感。

第四章

北美洲 NORTH AMERICA

美利坚合众国国土广阔、景色壮丽，拥有众多摩天大楼林立的大都市，和许多人口异常稠密的区域。这是国力的象征，如今也成为悲剧性破坏的标志。

自1492年哥伦布发现美洲两个世纪之后，欧洲殖民者开始尝试在这里创造属于自己的居住环境，而不愿再寄居于自然环境中，或在草草搭起的棚屋陋室里栖身。有了第一个定居点之后，城镇有如雨后春笋般涌现。跟著名的“费城城市规划”（1682年）一样，美国很多城镇的街道布局都是棋盘式的，这种形式从东岸到西岸被广泛接受并复制。尽管殖民地式建筑与欧洲建筑传统关系密切，但从18世纪后半叶至第二次世界大战后期，这里也诞生了各种原创建筑类型，不同风格在此不断发展与演进。美式建筑风格是反学术折衷主义的另一种选择，反映了精英阶层的品位，从新古典主义和新哥特式的视角来看美式建筑柱式和规范，与意大利建筑评论家布鲁诺 · 泽维所述“没有建筑师的建筑”这一自由和经验主义理论形成鲜明对比。在家庭建筑方面，木制活动房屋在1833年经由乔治 · 华盛顿 · 斯诺改进，发展成为一项以垂直木框架为基础的名为“轻型框架”的标准工艺，在弗兰克 · 劳埃德 · 赖特的“有机建筑”出现以前，这种轻型框架被广泛用于改善住宅的舒适度和协调空间。

19世纪初期，城镇的兴盛与产业的繁荣是彼此依赖、相互促进的。例如，一些私有城镇就是完全依赖某一特定的企业或行业建立起来的。19世纪中叶，工业发展和铁路基础设施建设推动了美国西部地区边界的后移，并进一步促进了大规模城市化的新现象。

与此同时，自然与人工建筑有机融合的趋势正在出现，例如，1851年华盛顿广场的规划是主题公园的先驱，随着1862年纽约中央公园落成，公园在南北战争结束后的美国城镇规划中显得更加重要。

同一时期，城市中心化进程被住宅的分散化，以及城市居民向郊区迁移的现象所抵消。这种现象在当时的美国城市中非常普遍，芝加哥最为典型。这导致了一种新型城市建筑——摩天大楼

旧金山金门大桥。

得以发展，而建筑技术革新使其成为可能。摩天大楼是“城市中心功能专业化”的产物，它拓展了有限的建筑地基上的可用空间。19世纪80年代，美国纽约先期进行了一批建筑实验，确定了摩天大楼的类型及用途，也激励了建筑技术的革新。“……经过精心设计，借由建筑术语转述的高大钢结构建筑……这是比圣彼得大教堂圆顶落成更为重要的一刻，因为在它身上，通过创造性想象力的胜利，实用性转化为美感……诞生的这座摩天楼，是一件艺术品。”这是赖特提到圣路易斯市的温赖特大厦时的描述，这座大厦由建筑大师路易·亨利·沙利文设计。布鲁诺·泽维认为，在现代和当代美国，建筑“沉迷于实验主义的风格，这种风格中的一些特例确实令人沉醉，但整体上仍是衰败、腐朽的”，它影响了整个现代设计运动，现代设计运动“数十年间在风格主义和完美理想之间摇摆不定……主张总是变来变去”，恰好能够实现“赖特所预言的人性化的、反独裁的、欢乐的栖息地”。

想象一下，在不到三个世纪前，如果我们登上一只巨大而轻盈的气球，从亚欧大陆的中心飘然西行，将首先在伊比利亚半岛着陆，其次是亚速尔群岛，接下来我们将在美国着陆，然后继续前往日本。然而如今，众多障碍和建筑物将使这种旅行变得不可能，首先遇到的问题就是芝加哥的威利斯大厦，这座极具现代感的大楼高度惊人，很有可能把气球弹回大西洋。遍布美国的摩天大楼，或许会成为这个国家的象征：它们不像冰山那样大部分隐匿在水面下，高楼的绝大部分结构都暴露在地面上，在这个意义上，它们象征着美国建国以来的历史、地位和开放的姿态。我们几乎看到了所有可见的东西，而隐藏的部分微不足道。细心的舵手会小心地操控，把热气球暂停在约460米的高空，也就是在芝加哥最高建筑物的上方。在这个高度将再无阻碍，我们御风而行，即可顺访该国最高的另外两座建筑，帝国大厦和克莱斯勒大厦。它们和威利斯大厦一样，都是留给世人的杰作，是美国开拓进取和奋斗精神的纪念碑。追求垂直度、竞相建造最高摩天大楼的风气部分源于曼哈顿这个小岛。其实，不只在纽约，摩天大楼的高度在任何地方都是一个有形的标志，是财富的衍生品，是金钱和力量的象征。然而，这些建筑的冷漠、威严赋予了它们两个负面特质：透明的玻璃幕墙，使它们暴露在公众的视线中；而它们的高度意味着它们与城市生活非常遥远。在它们的脚下，这个充满活力的大都市不过是一片微小的区域。

我们乘着气球下降，飞越纽约市中央公园，城市棋盘式的格局中显得非常醒目的一座圆形建筑令人感到好奇。这就是古根海姆博物馆，一个梦幻般的螺旋结构，所有的展览空间在这样的建筑形式中被盘旋贯通为一体，令人过目难忘。现在继续我们的幻想之旅，在穿越纽约前往大西洋时，我们看到了庄严的自由女神像，恰如城市的门户，向美国和全世界喻示并承诺着自由。然后，我们沿着东海岸向内陆驶去，来到波托马克河流域。在这里，我们必须释放少量气体让气球下降，以便尽情欣赏典雅的美国国会大厦，这座新古典主义建筑是对古代建筑风格样式的继承和发展。

气球继续在内陆飞行，掠过宾夕法尼亚州的丛林时，一所与熊跑溪的荒野融为一体的别墅映入眼帘。这座穿插叠错的流水别墅是弗兰克·劳埃德·赖特的作品。这位建筑师这样描述自己：“……我出生于美国，是大自然的儿子。”〔引自《自然建筑》（*The Natural House*）〕他设计的流水别墅独具风格，自由空灵又坚实凝重，成为“民主建筑”的奠基之作。追求民主、向往幸福是美国宪法赋予每个公民的权利，“民主建筑”即主张建筑须承载这样的社会理念，也许是艺术博物馆那种内在的、理性的幸福，也许是由舞台活动产生的那种参与式的、短暂的幸福。当乘坐气球飞过时，我们可能又被一座壮观的巨型体育场和通体透明的新千年博物馆所吸引。

到了西部，远远地就看到了金门大桥巨大的橙色结构。这项美国土木工程的力作，也将成为我们沿着哥伦布走过的线路跨越太平洋的起点。这是一场想象之旅，美国了不起的建筑作品、历史以及未来在这里交融，激荡人心，诚如斯科特·菲茨杰拉德所言：“美国……关乎全人类的一个构想，是人类最终也是最伟大的一个梦想——或者什么也不是。”

p241上
密尔沃基美术馆。

p241 下
自由女神像。

Capitol Hill

美国国会大厦

美国——华盛顿

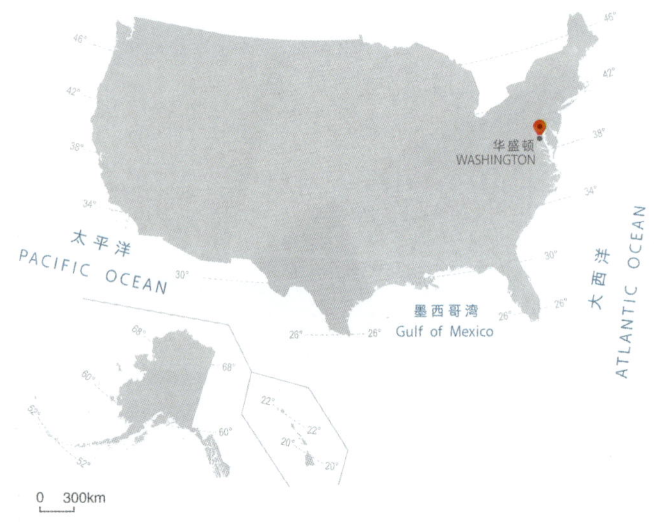

华盛顿特区的国会大厦是美国新古典主义的完美展示，一件充满绝对力量的宏伟建筑作品。但由于建造过程中发生的一些事件，它也遵循了一定的建筑规范。这座巍峨庄严的白色大理石建筑矗立在广场东端的山丘上，是美国参议院、众议院和最高法院的所在地。半球形的穹顶是整个建筑中最醒目的部分，它坐落在一个四周等距环绕着廊柱的鼓座上，被布鲁诺·泽维形容为“规定所有公民平等的主权法律的象征”。1790年，华盛顿被选为新的联邦政府首都，法国人皮埃尔·查尔斯·朗方被指派规划新首都，然而，朗方在两年后被解聘了。

当时的美国国务卿托马斯·杰斐逊是盛行的希腊复兴风格的热情支持者，他建议举行国会大厦设计竞赛。竞赛并没有产生获胜者，参赛者提交的17份方案

P242 上
山形墙上的“美国乡村”雕塑略带新古典主义风格，展示了农民、牧民和劳动者的形象。

P242 下
美国国会大厦的鼓室上的寓言人物由路易吉·珀西科设计，在1959—1960年由复制品取代。

全被否决。同年10月，随着竞赛的彻底结束，苏格兰医生兼业余建筑师威廉·桑顿获允提交了自己的设计。桑顿的设计体现的是帕拉第奥式风格（一种意大利文艺复兴时期的建筑风格），中央主体部分为低穹顶的圆形建筑，两翼对称的矩形建筑为参议院和众议院。该设计方案经联邦政府建筑委员会和华盛顿总统批准，于1793年奠基施工。

这座建筑是分阶段建造的，第一个历时较长的建设阶段在1828年结束。在此过程中出现了延误，问

P243 上
美国国会大厦位于国家广场的东端，18世纪时名为詹金斯山（Jenkins Hill），现在往往简称作“山”（the Hill）。国会大厦前的一池湖水映出白色大理石的楼体和穹顶的倒影，肃穆庄严，这是19世纪（尤其是1850—1868年）以及1962年付出许多努力才达成的景象。

P243 下
克劳福德设计的自由女神像于1863年被安放在穹顶之上。

P244

直至20世纪80年代，通往国会大厦的主入口门廊都是美国总统宣誓就职仪式的背景。后来，宣誓就职地迁到了更漂亮的国会大厦西侧的国家广场上。

P245上和下

雕像厅（上）曾是众议院大厅，现为各州名人雕像展厅。圆形大厅穹顶（下）上的“华盛顿升天”彩绘是由康斯坦丁诺·布鲁米迪设计的。

题似乎出在缺乏经验的桑顿和若干位协助的建筑师（包括斯蒂芬·H. 哈雷特、乔治·哈德菲尔德、詹姆斯·霍本、本杰明·亨利·拉特罗布和查尔斯·布尔芬奇）之间的合作，他们要么试图不同程度地修改计划，要么只限于执行已有方案，但都很不成功。1850年到1868年，由托马斯·U. 沃尔特和爱德华·克拉克协调了五个不同的修改方案，并对原建筑进行了扩建和重大调整，如增加了侧翼部分和铁穹顶。

1863年，由托马斯·克劳福德设计的戎装自由女神像被安置在穹顶上，她似乎象征了在建造这座建筑的漫长过程中人们所表现的公民意志和爱国热情。

The Statue of Liberty

自由女神像

美国——纽约

自由女神像坐落在纽约湾的自由岛上，是新世界的象征。1885年，法国将这座雕塑捐给美国，以纪念美国独立100周年。

自由女神像是一名身着古希腊式长袍的年轻女子，头上戴着七道光芒的头冠，右手高擎火炬，左手紧握着一本刻有“1776年7月4日”字样的《独立宣言》。她的脚边散落着断裂的锁链，象征着奴隶制的结束。

这座雕塑由弗雷德里克·奥古斯特·巴托尔迪设计，他于1875年开始制作陶土模型。后来，他建造了一个高约46米的木制模具并制作了金属板覆层。这些工作完成后，这个巨型雕塑被分装在214个大箱子里运往纽约。

但是，强风使雕像的组装成了问题。于是巴托尔迪向亚历山大·古斯塔夫·埃菲尔寻求帮助，他们为雕像设计了一个内部框架，构成承重轴的四个垂直支撑与水平和对角线方向的支架相交，组成了牢固的网状结构。

女神像的星状底座高约46米，由建筑师理查德·莫里斯·亨特设计，用花岗岩加固的混凝土制成。

1983年，政府开始修复因风吹雨淋而损坏的雕像。雕像的外观因雨水和金属产生的电解反应受到了严重损坏，火炬也有多处渗水。修复后雕像内部的部分铆钉被新的不锈钢支撑结构替代，而女神的服饰则需要更大范围的修复。

P246
弗雷德里克·奥古斯特·巴托尔迪，1834年生于法国小镇科尔马，1904年卒于巴黎。作为一名著名雕塑家，他为家乡创作了许多雕塑，并为纽约塑造了一座拉法耶特侯爵像，现矗立在纽约联合广场。

P247 左
自由女神像的底座由混凝土方砖垒砌，装饰以带状雕带、方石柱基和一个由花岗岩和混凝土制成的新古典主义风格凉廊。

P247 右
作为美国的象征，自由女神像是法国人民和充满反叛精神的法兰西共和国赠送给美国人民的礼物。在提议建造雕塑的爱德华·德·拉布莱的设想中，这座雕塑象征着“自由照亮世界”。

P248-249和P249上
自由女神像头冠上的七道光芒代表世界七大洲，她右手高举自由之火，左手紧握一本镌刻着“July IV MDCCLXXVI”的《独立宣言》，意指1776年7月4日，美国成功独立的那一天。

P249 中上
1885年，自由女神像被拆成350块，装入214个箱子里运往纽约，然后卸在上纽约湾的自由岛上。

P249 中下
为把46米高的女神像竖起，巴托尔迪请埃菲尔搭建了一个由钢铁制成的支撑骨架，然后用铜焊接。

P249 下

1878年巴黎世界博览会期间，自由女神像曾在巴黎一展芳容；它在四个月后被重新组装，于1886年10月28日重新揭幕。

The Chrysler Building

克莱斯勒大厦

美国——纽约

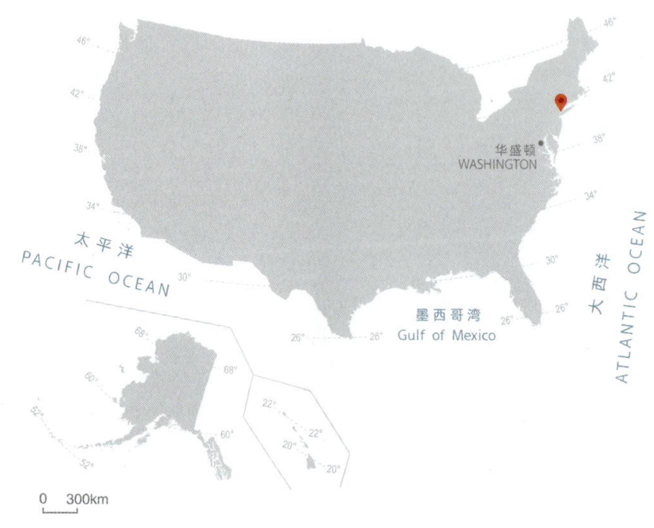

P250 左
1925年，克莱斯勒创立了克莱斯勒汽车公司，在事业巅峰期建造了克莱斯勒摩天大楼以示庆贺。

P250 右
克莱斯勒大厦是第二代摩天大楼之一，整体高319米，在帝国大厦建成前是世界上最高的大楼。

沃尔特·珀西·克莱斯勒堪称美国式白手起家的成功人士典范：他从一名默默无闻的机械师成长为美国汽车业的巨头，从而有能力资助纽约克莱斯勒大厦的建造。为了跟上时代前进的步伐，在经济大萧条时期，根据建筑承建商威廉·H. 雷诺兹提出的风险投资计划，克莱斯勒买下了地皮租赁权及建筑方案。克莱斯勒希望该建筑成为曼哈顿核心地区的一座标志性的摩天大楼，不但在高度上超越其他摩天楼，设计上也要引领时代精神。1930年大厦竣工时，克莱斯勒实现了他的抱负。克莱斯勒大厦凭借新颖的尖塔冠，以微弱的优势在1930年底赢得世界最高大厦头衔（319米），但在不久之后被帝国大厦取代。

克莱斯勒大厦由威廉·凡·艾伦设计，其建筑结构及装饰设计的风格均为美国装饰艺术提供了最佳注解。时间的流逝也没有抹去大厦的现代感，直刺天空的尖塔、整体建筑形式、精致的

克莱斯勒大厦的楼顶是一座外侧覆盖铝层的尖塔。塔尖上的一个房间是私人所属的“云间俱乐部”所在地，全美国最显赫的商业人士在此聚会。

塔尖的冠状装饰造型类似汽车的散热器格栅，是装饰艺术的巅峰之作，宛如光芒四射的新星——就如克莱斯勒公司一般。

P253 上
克莱斯勒大厦的内饰也突出了装饰艺术风格，比如电梯门使用了来自世界各地的8种木材装饰。

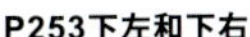

P253下左和下右
31层的雕带，其图案类似汽车轮胎和挡泥板，角上是巨大的散热器盖造型装饰。61层，8个鹰头形状的不锈钢滴水嘴指向空中。

装饰细节，以及新型覆面所用的不锈钢材料都体现了这一点。为突出建筑的凌云之势，在大厦31层四个角的金属构件就像巨大的散热器盖，又像古罗马神话中的信使墨丘利所戴的翼盔，而建筑外侧的楣饰则装饰着汽车轮胎和挡泥板图案。在61层，有8个气势非凡的鹰头滴水嘴威风凛凛地伸出来。在大厦的塔尖部分装饰着三角形的窗户和放射状排列的金属板，类似于汽车的散热器格栅。在最初的几十年里，克莱斯勒大厦一直雄踞纽约市中心；其独特造型和汽车商标象征着克莱斯勒公司在汽车行业的霸主地位，也代表了克莱斯勒个人的成就和财力。确实，就像布鲁诺·泽维所说的，克莱斯勒大厦“令周围所有建筑都黯然失色”。

The Empire State Building

帝国大厦

美国——纽约

帝国大厦是美国和纽约文化的象征之一。谁能不记得1933年的电影《金刚》中，金刚爬到帝国大厦楼顶击落飞机的一幕？

通用汽车公司副总裁、该大厦的主要客户约翰·雅各布·拉斯各布向对手克莱斯勒发起挑战，建造了一座更高的摩天大楼。

这座巨大的建筑坐落在曼哈顿的心脏地带，高耸在华尔道夫酒店的原址上。在1929年10月华尔街股灾前几周，大楼的地基就开始挖掘，在19000名工人的努力下，大楼在短短18个月内

P254 左
帝国大厦最上面待完成的最后几米：这本是为飞艇建造的泊位，即将完工。

P254 右
克莱斯勒大厦已经“败北”，一名工人仍在为帝国大厦“添砖加瓦”，让它变得更高。

P255
帝国大厦大约用砖1000万块，加上楼顶的电台和信号接收塔，高度达到约443米。大厦由下到上阶梯式变细，形态俊秀。

EMPIRE STATE

EMPIRE STATE

P256-257
从高空可以尽情欣赏大厦的锥体状造型。窗户之间的垂直条纹增加了它视觉上的垂直度。

P256 下左
进入大厦入口大厅的参观者会被一座华丽的镀金模型所吸引，模型顶部做成了一个照亮世界的灯塔。

P256 下右
帝国大厦唤起了那个时代的乐观精神，然而这种信心是短暂的：1931年，也就是大厦竣工那年，美国步入经济大萧条时期。

P257
巨大而壮观的6500扇窗户（面积超过200万平方米）在夕阳照耀下反射出壮观的光芒，成为纽约的象征。

就完工了。由于朴素的建筑风格与经济危机下的严峻形势，这座大楼最后的成本低于设计师的预期，但是当这座大厦在1931年正式运营时，只有一半的空间被租用，这使它获得了“空国大厦”的外号。另一方面，帝国大厦的高度超过克莱斯勒大厦约61米，成为世界上最高的建筑。

这座102层的庞然大物的特点是它巨大的基座包括了最下面的6层楼。随着它的上升，建筑在第25层、第72层与第81层逐渐变细。在它的顶部有一根约61米高的金属天线，最初被设计为飞艇的泊位，然而结果只是用来接收电台和电视信号。

直到20世纪70年代，高约448米的帝国大厦都是世界上最高的建筑。象征美国传奇的这座大厦拥有近21万平方米的可用建筑面积，总体积约为105万立方米。无论是白天还是晚上，其钢铁架构都会呈现出独特的景观。从晚上9点到午夜，顶部的30层会被强力射灯照亮，射灯的颜色会根据情况而变化。

最重要的是，帝国大厦还是第一个向公众开放观景台的摩天大厦。

Fallingwater

流水别墅

美国——米尔润

P258-259
以宾夕法尼亚州丛林为背景，流水别墅强调水平布局，这种“自然的”维度受到了日本建筑的启发。

布鲁诺·泽维称流水别墅为“史上最非凡的杰作之一”，这座韵味无穷的住宅是匹兹堡富商埃德加·考夫曼委托弗兰克·劳埃德·赖特设计建造的。

流水别墅建于1934—1937年，坐落在宾夕法尼亚州熊跑溪畔的密林深处，一个非常美丽的地方。穿过该地的一条溪水在别墅下方奔涌而出，形成一条小瀑布。

别墅的中心，一堵粗石砌就的厚墙映入眼帘，这面石墙是建筑的承重部分，锚定在岩石之

上，石墙上悬空伸出几方水泥平台朝向瀑布水流。建筑样式整体上看是平铺的，赖特称这种梯田式的造型为“从树干斜伸出的树枝”。

迈上一座小桥，穿过房子后边和石墙之间的一条狭窄通道，眼前就是别墅的一个小入口。

该入口通向豁然开朗的起居室，室内的石质墙面令人联想起室外的自然环境。起居室中的焦点是一个石砌壁炉，这是美式边远生活的典型器物，屋子内的其余部分都围绕着这个壁炉次第

摆放。这位伟大的美国建筑大师以一种特别的方式安排了不同的房间和活动：起居室朝南正对瀑布，两侧是朝东的入口和朝西的厨房，楼梯和餐厅则朝北。主楼层下面还有一个小房间，用作锅炉房和储藏间。主楼层的上层是卧室和卫生间，从东向西体量递减，以平衡向北延伸的起居室。

这座令人惊叹的别墅是用当时最现代化的材料（水泥、铁、玻璃）建造的，它们成功地与美丽的自然环境和谐地融合在一起。流水别墅无疑是自然环境与人工建筑融合的最佳范例。建筑适应周边环境特点，几乎达到融为一体的境地。室内承重墙的石灰岩是对自然的借鉴，而巨大的窗户可以弱化建筑的存在，让人更贴近自然。

这座宏伟建筑本身并不是设计的目的，而是建筑师使人与自然和谐共生的工具。流水别墅仿佛被自然“孕育”，生于斯长于斯，就连色彩都是就近取材于岩石、土地和树木，窗棂门框也是秋叶的颜色。

流水别墅的建筑技术，例如那些悬空近5米的钢筋混凝土平台，在当时是非常先进的。然而，这些平台的结构从一开始就出现了问题，不得不进行大量重建。当然，钢筋混凝土结构在当时还是一种不太为人所知的技术。

为避免建筑损毁，流水别墅进行了一次结构修复，永久性地排除了隐患，使游客可以继续参观。

这座辉煌的杰作因其有机建筑形式吸引并影响了几代建筑师和艺术爱好者。毫无疑问，它是建筑与自然融合的最伟大的例子之一。

P260-261和P261下
与外部空间一样，流水别墅内部宽敞的开间和天然材料的使用也与自然和谐统一。

P261 上
赖特于1938年拍摄的照片。

The Golden Gate Bridge

金门大桥

美国——旧金山

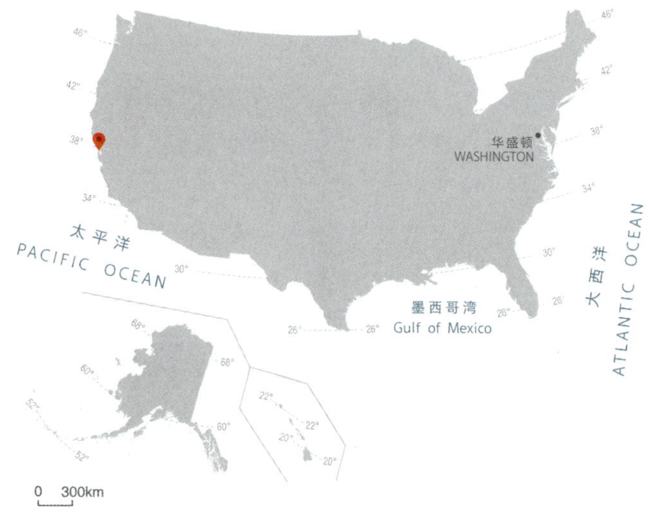

“这项宏伟的工程终于完成了。”这是设计和建造金门大桥的工程师约瑟夫·贝尔曼·斯特劳斯在1937年5月为庆祝大桥竣工所写诗篇的首句。斯特劳斯在任务完成时写下了这些句子。大桥竣工掀开了历史新篇章，在开通的两天内，成群的人和汽车穿过大桥。金门海峡是连接太平洋和旧金山湾的海峡，这里水宽浪急，风暴肆虐。1872年，人们首次提出要建造一座横跨金门海峡的大桥，这是一项艰巨又激动人心的工作。这一想法在1916年由《旧金山呼声报》（*San Francisco Call Bulletin*）的编辑在新闻宣传中重新提起：“在其他的地点建造一座横跨旧金山湾的大桥是完全可能的，但是只有在金门海峡建桥，才能永世流芳。”

金门大桥建造工程被认为是当时施工能力的极限，并伴有很高的经济风险，斯特劳斯的建造方案找到了能解决相关问题的技术和财政手段，从而赢得了这一项目。他作为设计师的经验和技能使他能够在几年内提出初步计划，工程本身的可行性论证和有限的建造成本

的估算。1928年，施特劳斯负责筹集项目资金，并成功说服市政府成立了“金门大桥与高速公路”管区。美国经济大萧条时期，这个地方管理机构在组织大桥建设和资金保障方面发挥了关键作用。1933年1月，建造工程开始了，资金来自1930—1932年发行3500万美元债券筹集的资金。尽管场地的地理位置存在不利因素，但人们仅仅用了四年时间，就建起了这座“不可能建起的桥梁”。最终，斯特劳斯克服了实际的利益分歧和怀疑

P262
两岸之间的距离、海床的不稳定性、频繁而湍急的潮汐和强大的洋流给金门大桥的建设造成了实质性的困难。

P263上和下
20世纪30年代的这两张照片，让我们重温金门大桥建造时的开拓性气魄。图为模型检测和应用缆索与独轮车的施工现场。

P264下右和P265上

从支撑大桥的铁架和连接桥面的钢缆这两个细节可以看出大桥的巨大比例。金门大桥的桥塔、巨大的结构和独特的颜色使其成为世界上最著名的吊桥之一。

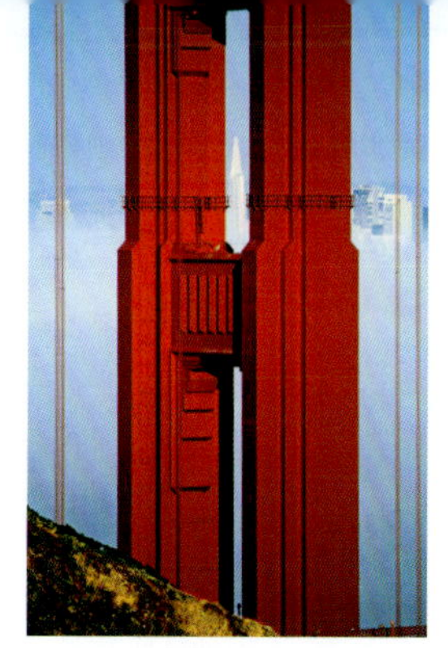

P265 下

金门大桥靠近旧金山一侧的两座锥形钢塔高出水面227米。塔顶的两根巨大钢缆直径0.9米，是当时世界上最粗的钢缆；钢缆和桥身之间用数千根细钢绳连接，起到悬吊的作用。

论者的教条式评估，使自己梦想中的桥梁成为现实。悬吊概念逐步完善后，建筑师欧文·莫罗和格特鲁德·莫里森对最初的设计进行了巧妙的修改，将其改造成优雅精致的装饰艺术风格建筑。

金门大桥全长约2740米，其中主跨长约1280米，边跨长约343米。南北耸立的两座钢塔高出水面227米，支撑着两根巨大的缆绳，桥面就悬挂在这两根缆绳上，这些缆绳的两端被固定在巨大的基座上。每道缆索由92股细索拧成，而每股细索又是用27572条钢丝绞成的。

大桥造型新颖独特，已超越桥梁的实用价值，完美融入旧金山湾的风景中。太平洋上那道蜿蜒的朱红色的优美弧线，是这座城市永恒的标识，也是全世界的奇观。

P264-265

尽管经济方面困难重重，同时代的人也对他持怀疑态度，斯特劳斯还是按照原计划完成了金门大桥的建设。由于旧金山湾多雾，美国海军曾提议将桥漆成黑黄相间的颜色，以便经过的船只能更清楚地看到它。

P264下左

两名工人正在把撑杆漆成朱红色。从金门大桥上可以看到壮观的景色——旧金山、阿尔卡特拉斯岛、马林海岬，不只是乘车，骑自行车或步行也可以看到。

The Willis Tower

威利斯大厦

美国——芝加哥

威利斯大厦原名西尔斯大厦，2009年改为现名。大厦由建筑师布鲁斯·格雷厄姆和结构工程师法兹勒·汗联合设计，共110层，高约443米，是世界著名的摩天大楼之一。1974年，它超过了纽约世贸中心双子塔成为世界上最高的建筑；1998年，它的纪录被吉隆坡石油双塔打破。威利斯大厦的实际高度存在争议，因为迄今为止计算的高度并不包括电视天线，而电视天线是该建筑不可分割的一部分。因此，如果把这部分考虑在内，建筑的实际高度还有待商榷。然而，不论是按照最高使用楼层高度标准，还是按照屋顶高度标准来衡量，这座大厦无疑都是芝加哥的最高建筑。

大厦由几座不同高度的独立塔楼“捆绑”而成，这种结构是一项革命性的建筑结构技术，格雷厄姆在其他摩天大楼的设计中也采用过。大厦的主体由9个大型

P266
威利斯大厦被设计为“人民之塔”，建筑面积约为40万平方米，设有一系列快速电梯。

P267 上左
威利斯大厦不同高度的塔楼在芝加哥的天际线中脱颖而出。

P267 上中
大厦的九座塔楼中只有两栋达到最高处。楼顶天线又增添了高度。

的塔楼组装而成，墙体由坚固的网状大梁和立柱组成。前两栋塔楼只修建了49层，而其他的塔楼继续向上。多数塔楼修建成64层或90层，只留下两栋塔楼一直延伸到顶端。这样一来，从不同方向看，大楼呈现出不同的形态，原本严谨的现代主义摩天大楼因此显得精致生动。

此外，采用这种束筒结构还有一个特殊的功能：那就是可以加固建筑物，以抵御它在“风城”芝加哥中受到的狂风冲击。由于每个塔楼只有一两个侧面受风，因此能更好地承受风压。尽管如此，大风肆虐时，这栋大厦还是会出现轻微晃动。大厦在1985年开放了顶部观景台，从这里可以欣赏到密歇根湖，以及伊利诺伊州、印第安纳州和威斯康星州绿意盎然的土地。大厦主要为办公设计，每天有大约25000人进入这里，大约是预测人数的两倍。

P267 上右
威利斯大厦拥有世界上最多的私人办公室，分布在100个楼层中。组成大厦的塔楼横截面都是正方形的，边长约23米，外立面用青铜色玻璃幕墙装饰。

P267 下
威利斯大厦宽敞明亮的入口大厅通向一个几层高的内部空间，旨在满足客户的不同需要。

The Louisiana Superdome

路易斯安那超级圆顶体育馆

美国——新奥尔良

路易斯安那州立大学环境设计学院院长杰拉尔德·麦克林登曾称新奥尔良的超级圆顶体育馆是有史以来功能最强大的公共建筑。该馆于1971年开始建设，1975年8月正式开放。

超级圆顶体育馆高83米，共有27层，占地面积约5.3万平方米，其拥有世界上最大的钢结构圆顶。

P268左和右
超级圆顶体育馆是20世纪最有未来主义风格的建筑，它创纪录地只用了四年时间就建成了——从1971年8月11日至1975年8月3日。

P269 上
新奥尔良的超级圆顶体育馆是世界最负盛名的体育场馆之一。这座巨大而紧凑的建筑的外观类似于飞碟，于1975年8月落成，并成为城市天际线的一部分。它把新奥尔良变成一个体育、文化和休闲娱乐的中心。

P269 下
体育馆的圆顶为直径约210米的金属框架，高出地面约83米。建筑四周是停车场。

这座建筑最吸引人的特点是它的多功能性：除了作为超级碗（指美国国家橄榄球联盟年度冠军赛）的赛场，它还拥有53个会议室、3个宴会大厅和一个电视演播厅。在这里，还可以举办音乐会、艺术演出、商品交易会、团体会议、戏剧表演和各种大型活动。许多著名艺术家都曾在这里演出过。

馆内设施和看台设计新颖，制作精良。不管是举办音乐、会展还是超级碗比赛，看台上的装置都会将看台进行调整，使之对准相关的场地中心。

体育馆内有两部超大屏幕（29米×37米），无论在哪个位置观看比赛，场地的每个区域都清晰可见。还有一套可伸缩摄像系统，可以

P270上和P270-271
一台拥有约644千米电缆（包括光纤）的强大发电厂为体育场提供所有能源。包括内部和外部的照明、2块超大屏幕、1套可伸缩摄像系统、42部自动扶梯、14部升降电梯和所有公共服务设施均由该系统供电。

P270下
超级圆顶体育馆专为超级碗冠军赛而建，它以功能多样和使用便利著称，除举行比赛，还可以举办音乐会、商品交易会和各类大型表演，馆内还有会议厅和录音棚。

捕捉到各种微小的细节。

体育馆通过一条坡道与商业区相连，那里有中央商场、凯悦酒店和广场办公大楼，还通过另两条坡道与新奥尔良球馆（18500个座位，1999年开放）相连。因此，超级圆顶体育馆帮助创建了一个体育和文化中心，全面提升了新奥尔良的城市形象。

这个具有未来主义风格的体育馆一直是一个深受欢迎的旅游景点。自体育馆开放以来，方圆1000米以内的酒店的预订量增加了180%。

The Guggenheim Museum

古根海姆博物馆

美国——纽约

P272
纽约古根海姆博物馆主要为收藏艺术品而建，建筑本身也是艺术品，体现了赖特克服传统建筑的“被动性”的尝试，博物馆的形式是功能化的，因而能积极地引领参观者参与其中。

P273
最初，建筑的外观遭到很多人批评，有人批评它像旋涡那样上宽下窄的造型，也有人批评它盘旋的带状长窗，这两点如今都备受推崇。

纽约古根海姆博物馆是世界上最重要的现当代艺术博物馆之一，隶属于所罗门 · R. 古根海姆基金会，是该基金会旗下遍布全球的（毕尔巴鄂、威尼斯、柏林等地）私人博物馆之一。这座1959年建成的著名的博物馆由弗兰克 · 劳埃德 · 赖特设计，从法国印象派到现代艺术，所有最重要的国际风格流派的作品馆内都有收藏。博物馆本身就是一座雕塑，是最能体现赖特建筑诗意的作品之一，它打破了现代建筑运动的束缚，并为建筑注入了“有机”的特质。正如赖特一贯的

主张：功能和形式要达到辩证和谐（就像从自然中生长出来的一样）。

布鲁诺·泽维对此写道："赖特轻而易举地就把空间转化成了功能，不是依靠几何拼接，而是一次塑形。这点太重要了。"古根海姆博物馆位于第5大道1071号，从外面看，它与纽约棋盘式布局上四四方方的建筑截然不同。该建筑激发了纽约居民的想象力，说它像蛇，像龙卷风，像婚礼蛋糕，像滑板坡道，像多层停车场等。但是，这些最初调侃的态度很快就转为积极的评论。一楼巨大而凸出的曲线仿佛产生了一种引力，吸引着游人进入。

引桥连接了博物馆的两个组成部分，而桥下的露台又把博物馆的外部和内部贯通起来。博物馆的外观动感十足，内部同样如此，展览厅就是一个连绵不断的螺旋式长廊，与参观通道融为一体，形成一种向上运动的视觉效果。从第一层的中庭开始，螺旋形的通道为参观者提供了一个不间断的空间体验。螺旋止于每一层电梯附近，在那里，通道的凹线被逆转为凸线。

螺旋结构的直径随着高度上升而增加，内部空间也越来越开阔，因此，从大型透明穹顶进入的光线能够照亮中庭和层层展廊。墙壁上的带状长窗也让光线照进各个角落。

P274-275和P275下
蛛网似的玻璃圆顶，螺旋样的通道式展览厅，是古根海姆博物馆这只“大海螺壳”的魅力所在。

P274 下
这张图显示的是入口和螺旋通道的交汇处。整体布局不断变化、难以预料。

赖特在建造时力求创造连续运动的空间，而拒绝像传统做法那样被动地划出楼层、隔开空间。

他关注参观者和艺术品之间的关系：参观博物馆的路线设计为从顶部往下走，参观的人可以跟着引导一直看下去，也可以在某个展品前面停下来欣赏。

参观者可以从不同的位置来欣赏建筑本身：在内部，从不同楼层看，会对空间的扩张或收缩有不同的感知；从外面看，这座螺旋形的建筑打破了周围摩天大楼的单调和直线，令人瞩目。

希拉 · 蕾贝（所罗门 · R. 古根海姆的艺术顾问）在给赖特的信中说："我需要一个战士、一个空间爱好者、一个煽动者、一个实验者、一个有智慧的人……我需要一座精神殿堂、一座纪念碑！"

Milwaukee Art Museum

密尔沃基美术馆

美国——密尔沃基

密尔沃基美术馆是最令人叹为观止的现代建筑之一。它造型奇特，灵动张扬，成为密尔沃基这座城市复兴的象征。

美术馆使用了丰富多样的建筑材料（玻璃、卡拉拉大理石、枫木、混凝土），在密歇根湖美景和密尔沃基城风光的衬托下，建筑本身成为一件绝佳的艺术品。

美术馆目前的样子是不同阶段的建造成果。最早的部分建于第二次世界大战后，起初是为了响应民意而建造的一座战争纪念馆，几年后，人们又决定在密歇根湖畔建造一座纪念性建筑，用以陈列美术作品。

美术馆由芬兰裔建筑师埃罗·萨里宁设计，并于1955年开始施工。两年后，密尔沃基美术中心建成开放，当时展出的是密尔沃基美术协会和莱顿艺术画廊的收藏。

20世纪60年代，佩格·布拉德利将她的全部收藏捐赠给美术中心，包括600件现代欧美艺术品，并捐赠了100万美元用于美术中心的扩建。

美术中心的扩建工程由戴维·卡勒、马可·斯莱

P276 上和下
巨大的鲸鱼的尾鳍，或新潮的舰艇……随着人们视角的改变，建筑也呈现出不同的面貌。从西侧看，一座斜拉桥将新馆入口与威斯康星大道相连。

P277 上
遮阳板是可以活动的，打开时就像一双巨大的白色翅膀。南边的露台就像船头一样向参观者延伸，左侧是牵引支撑斜拉桥的巨型“桅杆”。

P277 下
卡拉特拉瓦设计的模型完整地展示了新馆的设计。斜拉桥从主结构向左侧延伸，由图中心位置的桅杆支撑。遮阳板装置矗立在场馆东区接待区的上方。卡拉特拉瓦的作品常使用移动装置和曲线，灵感多源于自然形态。

特和菲茨休·斯科特三位设计师负责，他们于1975年将老馆扩建为一个综合性建筑群，并配备了一个剧院、一个教育中心和布拉德利画廊展区。

从20世纪80年代起，美术中心更名为密尔沃基美术馆，声名鹊起，参观人数达到每年20万人。

这种受欢迎程度带来了又一次的扩建，这次委托给西班牙人圣地亚哥·卡拉特拉瓦进行。他设计的新馆（Quadracci Pavilion）于2001年5月正式开放，这是一座通体银白、简洁壮观的建筑。它的主体为玻璃幕墙，顶部是一个翅膀造型的遮阳板装置，内部配有机械装置，可以控制遮阳板升降开合，当遮阳板降下时，仿佛大鸟收起羽翼，整个美术馆就落在它的阴影里。

圣地亚哥·卡拉特拉瓦还在新馆入口处设计了一座斜拉桥，笔直通向密尔沃基的主干道——威斯康星大道。斜拉桥的金属拉索全部连接在高约60米、斜插入云的“桅杆”上，整体宛如一只伸向城市中心的手臂，代表着美术馆对世界的开放以及与密尔沃基的紧密联系。

美术馆内部是典型的现代艺术中心，拥有会议室、礼堂、餐厅和可以欣赏密歇根湖的观景平台，而在外部则是丹·基利设计的美丽庭院。

新馆成功满足了各方面的需求：在常规意义上扩大了美术馆的空间，在功能上控制了自然光的进入，富含欢迎参观者的象征意味，并且成为这个城市无可取代的符号。

P278 上和下
美术馆内部有一种整齐、对称而简洁的美。

P279 上
新馆南侧，接待区依赖大型窗户的自然采光，上面活动的遮阳板则可调整光线的进入量。巨大的遮阳板在开合时毫无声响，令人称奇。

P279 下
美术馆在夜晚灯光下美轮美奂，甚至比在白天时更显洁白光亮。

第五章

中美洲和南美洲

CENTRAL AND SOUTH AMERICA

人们很难不被中美洲土地上星罗棋布的庞大而朴素的巨石建筑所吸引。在欧洲侵略者和探险家到达这里之前，许多本土文明就已发展起来。

这些非凡的遗产构成了“中美洲文化”这一术语的基础。根据中美洲研究专家保罗·基希奥夫的定义，这些遗产的特点包括：反复出现的建筑和艺术元素、农业技术、算术和历法、文字、折叠文稿（折法类似手风琴）、社会结构、政治秩序，以及强烈的宗教感。

碑铭神庙。

卡斯蒂略。

以埃尔南·科尔特斯为首的西班牙征服者们无情占领了中美洲，这一过程随着1521年征服墨西哥宣告结束。当时，整个中美洲区域被按照自然边界划分：南北的边界是河流，东西的边界是大洋。这个大区域包括如今的墨西哥、危地马拉、萨尔瓦多、尼加拉瓜、哥斯达黎加以及洪都拉斯的部分地区。中美洲的东海岸面朝加勒比海和墨西哥湾，东海岸和大西洋之间被众多岛屿和群岛阻隔；而西海岸，即太平洋沿岸则有特万特佩克湾、尼科亚湾和丰塞卡湾。

中美洲以山脉、沙漠和热带森林为典型地理特征，这就从根本上造成了这里历史上各个城邦分散而独立的状况。各城邦的地位和关系构成了中美洲文化地区的地域组织和贸易网络的基础。人们接触到的不可预知的强大自然现象，被认为是他们知识和艺术形成的决定性基础。

保罗·金德罗普和多丽丝·海登对中美洲艺术的地理决定论做出了如下精妙总结："在沿海地区，生活较为轻松，气候条件有利于农业发展，我们在墨西哥韦拉克鲁斯地区发现的微笑雕像就是外向人物的形象。然而，在严酷的高原地区，甚至连索奇皮利（阿兹特克人的歌舞之神和花神）也没有表现出微笑。阿兹特克人的微笑几乎像是鬼脸。"

中美洲文化形成和初步发展的时期（古代时期）的标志是开始种植玉米（公元前5000年）——玉米是中美洲饮食的基础谷物，以及开始生产陶器（公元前2500年）。而接下来的时代可划分为前古典时期、古典时期和后古典时期。

巴西国会大厦。

在前古典时期的韦拉克鲁斯地区，奥尔梅克文明大约从公元前1500年发展起来。它被称为中美洲“文明之母”，因为它影响了当地其他文化在理性、宗教、社会、政治、技术和艺术方面的发展。在此后的1000年（公元前1200年—公元前200年）里，中美洲石质建筑的基本模式在中美洲高原地带发展起来。奥尔梅克人在他们的祭祀中心搭起泥土平台，通过开采、加工石头，以及使用土坯砖和灰泥，将其建成了简朴的砖石结构基座。这些建筑是金字塔结构的先驱。

阶梯、单斜面或是保护斜坡的出现完成了建筑的发展，最终在“诸神之都”特奥蒂瓦坎宏伟的金字塔遗址发展到巅峰。根据神话传说，众神在日落时分聚集于此，以创造一个新的神。在古典时期（也就是基督纪元开始时），纪念性建筑的起源在此萌生，其标志就是太阳金字塔的建造。

这导致了金字塔从早期形式向成熟的阶梯式的演化，在阶梯式金字塔中，一系列平台组成了不朽的基座，庙宇建于其上，通过一段或数段阶梯可达。在中美洲的许多遗址中，建于古典时期的众多庙宇反映了祭司阶层的存在及其重要性，同时也反映出万神殿的数量在不断增长，以及艺术表现形式和宗教思想之间的关系。

高大的阶梯金字塔高耸在高原之上，矗立在广袤的热带雨林中，或者依偎在低矮山丘和茂密的植被之间，是一种独特而原始的建筑语言的表达。尽管中美洲的阶梯金字塔在结构上与美索不达米亚的金字塔和埃及塞加拉的阶梯金字塔颇为相似，但它们在功能上却有所不同，尤其是埃及的金字塔，它是为法老所建造的陵寝。

在中美洲的帕伦克，有一种不同于一般模式的非常独特的神庙金字塔：碑铭神庙金字塔的基部建造了一座陵墓。通过对该建筑结构的分析表明，它不是一个真正意义上的金字塔，而是一个几何图形的叠加。这些几何图形共同象征着当地宗教信仰所认为的天体分层，该宗教想象，根据天神居住的不同层级，天空也被划分成不同层级（通常有十三级）。建造这种金字塔似乎是要把供奉着神像的神庙抬高，直达天穹。金字塔顶端的寺庙规模很小，普通凡人无法进入，只有掌管教派的祭司才能进入。祭司们在金字塔顶上举行宗教仪式，有时仪式很残忍，以此强调他们超乎普通信众的优越地位。神庙建筑的垂直性和宗教成员的等级制度似乎相互映衬，这一点通过建筑的进一步陡峭化、金字塔建筑体量的逐渐缩小、楼梯的中心化以及神庙屋脊上的造型装饰得到了强调。这些元素可能发源于蒂卡尔——一座玛雅文明的废弃都市。

在玛雅地区一度繁华的城市——如今是萨尔瓦多、洪都拉斯和墨西哥塔巴斯科地区的所在地，建筑被装饰以雕塑和马赛克图案。新式的艺术手法传入当地——比如灰泥装饰工艺——这种技术在高原地区最为典型。在普克地区，尤卡坦半岛上的乌斯马尔和奇琴伊察遗址揭示了古典时期晚期（公元600—900年）建筑和装饰的有机融合。

玛雅－托尔特克文化发源于奇琴伊察，是一群来自墨西哥高地的托尔特克人入侵城市的结果。在后古典时期，北部的移民造就了新的本土文化，但西班牙人的征服和殖民所造成的破坏摧毁了他们的霸主地位。

有资料显示，在西班牙占领时期，西班牙人并没有真正实施他们将自然和城市融合的计划。侵略者们后来使用了欧洲标准，即将农村和城市当成两种独立的实体。

400多年以后，在另一个同样有着戏剧性殖民经历的地区，欧洲人关于紧凑城市的想法回潮，并引发了建造巴西政治和文化新首都的想法。在南美洲森林的中心，巴西利亚建在河流交汇之处，整个城市被设计成一只鸟的形状，又像是飞机或是弓箭。巴西利亚的行政和管理区域沿着笔直的中轴线而建，而与中轴线交叉的弧形的两臂则是大型方形住宅“超级街区”的所在地。

这个城市极具创造力的布局源于对可持续发展的极限考虑：巴西利亚是一个带有复杂色彩的“理想城市”。卢西奥·科斯塔制定了城市规划，奥斯卡·尼迈耶设计出别出心裁、原创性十足的建筑，其特色之一就是诸多元素的重复利用。这样的结果引发了广泛的争论。“巴西利亚是卡夫卡式的、超现实的大都市，它反映出的是独裁和专制主义。城市计划和建筑设计并没有改变其本意。”布鲁诺·泽维如是说。

The Pyramid of the Sun

太阳金字塔

墨西哥——特奥蒂瓦坎

特奥蒂瓦坎是中美洲最重要的考古遗址之一。它位于墨西哥城东部的一个山谷中，海拔在2249米到2850米之间，处于一处由群山环绕的火山地带。

适宜的气候（部分地区气候温和，其他地区为半湿润气候）、丰富的水源以及肥沃的土壤，这些条件促使特奥蒂瓦坎地区在公元前100年左右建立大型定居点。毋庸置疑，特奥蒂瓦坎是中美洲的第一座城市，城市规模在公元150年到公元300年之间达到巅峰。

特奥蒂瓦坎的城市布局呈几何图形，这很可能是根据天文学的推理设计的。城市的主轴线“亡者之路”为南北走向，并与一条东西走向的轴线交汇，将城市划分为四个部分。城市的中心

P284 上
太阳金字塔的方形基座各边边长有224米。金字塔的总高度（包括塔顶神庙）为72米，是美洲大陆被西班牙统治前最高的建筑。

P284 下
巨大的太阳金字塔位于古特奥蒂瓦坎城的中心。它的设计依据天文原理，并考虑到了与周围高原景观的和谐性。

P285
远道而来的朝圣者费力地沿着陡峭的台阶拾级而上，这条楼梯原本通往塔顶的神庙。它连通起太阳金字塔的不同层级。

就是太阳金字塔，这是当地最大、最重要的建筑，朝圣者祭祀时会从这里沿着亡者之路走向月亮金字塔。

太阳金字塔高63米，体积达100万立方米。塔身是一座四层截断平台，最初塔顶上有一个小寺庙。金字塔的主立面朝西，正对着夕阳。

金字塔极具神圣感，古代居民在其下面发现了一个自然洞穴后，将其挖掘成一个四叶草形，进一步增强了金字塔的象征意义。作为创世和生命诞生的象征，这个洞穴对金字塔神庙来说无疑是具有重大宗教意义的源头。对于这座城市中的居民来说，在某种程度上，这个洞穴就像是祖先们发源的母体，整个城市都是围绕着这个洞穴发展起来的。

在亡者之路上还矗立着其他重要的建筑：一座可能曾是皇宫的城堡，有着巨大石阶的月亮金字塔、羽蛇神神庙、羽毛贝壳神庙和美洲豹神殿。

贵族们的民用建筑同样可以在祭祀中心找到。这些建筑大小不一，但都集中在一起，装饰以图画，并建有走道、门廊、露天场所以及小型内部庙宇。所有的建筑都是用当地的泥土、石块和木材等材料建造的。石块经过加工，用灰泥粉刷并绘上图案。这些装饰提供了一些很有价值的图像信息，比如佩洛塔游戏（一种球类运动）、对于死者的崇拜、长有羽毛的蛇（羽蛇神的象征）以及用羽毛和贝壳装饰的美洲豹（与特拉洛克神有关）。

8世纪晚期的一场大火摧毁了这座城市，其灭亡的原因仍存在争议，但可能是由同时发生的各种事件造成的：北方游牧民族的入侵、可怕的饥荒、统治集团毁灭性的内部斗争以及人民对统治者的反叛。

Temple I

蒂卡尔一号神庙

危地马拉——蒂卡尔

在玛雅文明的全盛时期，玛雅人分布在至少50个政治独立、人口众多的王国中，每个王国都由一个首都和一系列较小的、从属的聚居地组成。位于佩滕省雨林中心地带的蒂卡尔城是其中最大的一个，拥有数百个建筑群。北卫城的大多数建筑群则都建在大广场周围。这个广场是国王建造墓葬神庙的地方，这里的建筑群被称为“失落的世界”，是最早的玛雅天文中心。城市的民用建筑集中于中央卫城，它们兼具居住和仪式功能。其中引人注目的是“窗宫”，又称“蝙蝠宫”，以及其他环绕广场的建筑。

这种不朽的建筑风格，也是蒂卡尔建筑的巅峰，大约出现在公元700—800年的古典时期。巨大的金字塔形神庙具有强大的视觉冲击力和政治意义，现在人们

P286
通往一号神庙的阶梯很陡峭，且没有护栏，一号神庙的顶部被雕刻成一个很高的“羽冠”。

P287 上
作为当地早期的建筑，一号神庙位于大广场的东侧。

P287 中
金字塔总共有9层——“9”是玛雅文化中一个神奇的数字。陡峭的倾斜面棱角分明，装饰着嵌线和凹槽。

P287 下
一号神庙的顶端显露于茂密的森林之上，对面是二号神庙。玛雅人建造了一座奇妙的城市，他们在蒂卡尔建造的神庙比周围的丛林还高出一截。

通常以罗马数字一到六给这些神庙编号。一号神庙，或称大美洲豹神庙，被认为是遗址的心脏，那里是阿赫卡王的陵墓。阿赫卡王于公元682—734年在位，他死后，他的儿子雅克金王按照父亲生前的指示建造了这座神庙。这是一座高约45米的九层金字塔，矗立在一个宽阔的底座上，各个平台呈倾斜状，突出了建筑的高度。金字塔顶端的神庙有着灰泥檐口的冠顶。一号神庙的平面图是不规则的，有三个用实木横梁搭建的入口。这里是埋葬国王与他的陪葬品的地方。

蒂卡尔建筑对于神圣意义的指涉，以及与众神创造的景观和通往超自然世界旅程相关的象征性的刻画非常强烈。建造用于交流仪式和加强魔法力量的地点是根据恒星的运动决定的。然而，诸神并不能将蒂卡尔从政治巨变和文化衰落中拯救出来，它的辉煌灿烂最终湮没于荒野之中。

The Pyramid of the Inscriptions

碑铭神庙

墨西哥——帕伦克

帕伦克位于墨西哥恰帕斯州的中心，是最大、最重要的玛雅遗址之一。根据象形文字的记载，该城在古典时期晚期达到鼎盛，帕伦克在当时可能叫拉卡姆哈城（意为“大水”），是巴克王国繁荣的首都。自18世纪末以来对该城市遗迹的发掘表明，如今看到的城市遗迹是由巴加尔二世（公元615—683年在位）和他儿子强·巴鲁姆二世（公元684—702年在位）建造的。这些建筑物遗迹矗立在植被茂盛的自然环境中，其设计带有明显的政治和意识形态意义，即通过这些石质建筑内外装饰的灰泥浮雕或石刻雕像的主题来颂扬统治者。

主建筑中的象形文字列出了这座城市的统治者，表明他们希望通过文字记载的形式来强调本王朝的合法性和统治的有效性。建筑造型和谐，风格优雅，并有丰富的铭文装饰——这些装饰以明亮的红色、蓝色、土黄色和绿色强调出来，这是这个朝代建筑独特而骄傲的特征。碑铭神庙的柱子和墙面布满了象形文字，内容包括著名的朝代名单。这座建筑是巴加尔二世的墓葬神庙，他本人在世时就开始建造，

P288 上和下
地下墓室里藏有巴加尔二世的石棺（下图）。棺盖是一块厚重石板，刻有精美浮雕。要到达石棺所在，必须从金字塔内沿着台阶向下走23米。

P289 上
王宫位于帕伦克景观的中心，矗立在一个大平台上。俯视王宫的四层塔被认为兼具防御和天文观测的作用。

不过是由他的儿子强·巴鲁姆二世完成。

神殿位于一座阶梯式金字塔的顶端，高约24米。金字塔的部分共8层，面积逐层递减，南面设有阶梯。神庙正面，由石柱排列形成的5个入口均由灰泥装饰，通向第一个大房间；第二个房间被划分为三部分。一道阶梯向下延伸，穿过神庙的地面后分为两段。沿着楼梯向下通往地下墓室，墓室的墙壁上装饰着9个灰泥人物浮雕（玛雅人的祖先，也有可能是玛雅神话中的夜神）。巴加尔大帝的石棺侧面有浅浮雕，棺盖是一整块巨大平板，材质厚重，雕刻精美。这块巨大的石板上有一块最重要也是人们研究最深入的玛雅浮雕：在国王临死之时，一系列象征着死亡和重生的永恒循环的人物围绕在他周围，代表着神性即将坠入通往无尽世界的黑暗。然后，宇宙的十字形树从国王的腹部生长出来。

金字塔中心底部的墓室石棺的发现，证实了这座建筑是为容纳国王的石棺而建造的，同时也代表了国王的个人地位。

P289 下
碑铭神庙坐落于绿野之中，矗立在巴加尔大帝的墓穴之上。在金字塔顶部的神殿被冠以装饰独特的顶饰。

The Pyramid of the Magician

巫师金字塔

墨西哥——乌斯马尔

乌斯马尔位于尤卡坦半岛的北部，它可能是现今墨西哥尤卡坦州和坎佩切州的普克山脉一带最重要的玛雅人聚居地。这个区域常见低矮的山丘，高度和宽度都不过三四十米，并且由于当地有利的气候条件，通常是最适合城市定居的地点。普克地区的城市遗迹因建筑和艺术作品的质量而闻名；这些建筑采用了先进的建造技术，其完美的几何构图与立面上雕刻的精致装饰完美结合，与众不同。在高高的檐壁上，图案和人物（通常具有象征意义和宗教价值）要么连续重复出现，要么成组地重复出现。这些壮观而又精致的石头建筑遗迹建于乌斯马尔规模最大、最强盛的时代（古典时期，3世纪—10世纪）。

乌斯马尔分散着众多人造的平台和四方形的

P290 上
这座金字塔是几百年间建造的五座神庙叠加的成果。

P290 下
修女院位于巫师金字塔的前方，属于普克风格建筑。它由四座建筑组成，分别矗立在四个方位上，入口则位于一处角落。

建筑，如四方修女院；用大型石块建成的住宅建筑，如总督府；比例协调的建筑，如海龟之家；以及基座高架的庙宇，如巫师金字塔。由于当时的乌斯马尔具有卓越的经济和政治地位，它与附近的小城市之间修筑了一条道路连接，这条路东起总督府以东，途经切图利克斯和诺帕特，直到卡巴。传说，建造巫师金字塔的是一个侏儒，他的祖母就住在卡巴。金字塔平面呈椭圆形（85米×50米），矗立在之前五个时期建造的建筑遗迹之上，金字塔由面积不等的平台叠加而成，总高约35米。神庙的表面装饰以一系列小圆柱和楣饰，楣饰上的石雕刻的是具有典型普克风格的玛雅小屋。

P291 上
乌斯马尔位于尤卡坦高原上普克山脉一带，是玛雅-普克建筑的典范。

P291 下
入口被设计成怪物面具的样式，这是改良过的切尼斯建筑元素，这种建筑元素发展于坎佩切北部。这个主题体现了乌斯马尔与中美洲其他地区的文化交流。

El Castillo

卡斯蒂略

墨西哥——奇琴伊察

P292上和P293上
卡斯蒂略金字塔位于一片开阔空地的中央，这一中心位置使之愈加庄严。建筑设计包含多种元素，似乎是由托尔特克文化衍生出来的，比如神庙顶部的建筑装饰并未选用玛雅式冠顶，以及使用倾斜表面以加固城墙。

P293下
卡斯蒂略神庙中的查克·莫（前方雕塑）和红色的美洲豹（后方雕塑）均是托尔特克风格的石雕。

当西班牙征服者出现在墨西哥低地的丛林中，他们看到了奇琴伊察的遗迹，这是尤卡坦北部最壮观的玛雅城邦。奇琴伊察的“奇琴”的意思是“井边”，这里的“井”指的是当地的洞状陷坑，或称自然井，它使地下深处的水可以涌出，玛雅人认为这是通往地下世界的入口。天然井成了神圣的朝圣之地，人们在这里举行祭祀活动，比如人祭——将人连同朴素的珍贵之物一同扔进井里作为祭品。奇琴伊察的“伊察”指的是一个起源神秘、结构复杂的民族，他们可能从公元435年起就出现在该地区。公元750至900年，伊察人通过与普克（来自南方“红山”的居民）亚

文化的接触催生出一种蓬勃发展的文化。但是在13世纪，他们的城市却意外落入对手玛雅潘人之手。

该遗址有一个中心区，还有由铺设的小路连接的小中心网络。周围形态优雅、装饰丰富的修女院建筑群，椭圆形天文台，作为藏骨堂的金字塔以及住宅附属建筑皆按玛雅－普克风格建造。而其他建筑群则有着完全不同的风格，它们是托尔特克人的作品。托尔特克人是在10世纪左右到达这里的新民族，他们接受了玛雅文化并使之在形式上有了新发展。于是创造出玛雅－托尔特克建筑，其建筑的中心不是广场，而是广阔的开放空间。玛雅－托尔特克建筑以浮雕装饰，其底座往往是阶梯金字塔式的，建在一片广大的平坦空地上，四周用围墙圈起。

P294-295
四条几乎与基座成直角的陡峭阶梯通向卡斯蒂略顶端。

P295 上
后部的走廊位于卡斯蒂略顶端神殿的内殿，由装饰着浅浮雕的石柱支撑。

P295 下
卡斯蒂略金字塔顶端的神庙有两条走廊和朝北的前庭，前庭的三个入口被石柱分隔开来。

卡斯蒂略（羽蛇神神庙）位于托尔特克地区的中心，可能是新风格中最有趣的遗迹。它是一座九级的神庙金字塔，底座为方形，边长55米，面积随着高度的增加而减少。神庙位于24米高的金字塔的最顶层，每一个立面都建有阶梯连接不同的层级。此建筑的结构显然具有宇宙哲学意义：根据该地区的传统，该建筑朝向地磁北极的东面；九层代表了地下世界的九个级别，365级台阶象征一年中的每一天。北面台阶的石栏杆上雕刻有响尾蛇的图案，蛇头伸向广场，似乎要向广场滑行。神庙的顶部有两条走廊，一个两侧饰有玛雅风格低矮浮雕的地下室，一个前庭，前庭有三个通道，通道之间用雕刻成蛇形的柱子、假拱顶和玛雅－普克风格的大型雨神面具分隔开。神庙后面的长廊有三个门，分别朝向东方、西方和南方。蛇的装饰遍布整个建筑群的横梁和石柱，蛇是托尔特克图腾中特有的元素。在卡斯蒂略的东北部是千柱群和勇士神庙，和羽蛇神的神庙一样，都有托尔特克的传统装饰风格。在金字塔顶部是半躺着的查克·莫的雕像，那是当地文化中一种神秘生物。

The Palace of Congress

国会大厦

巴西——巴西利亚

1957年，巴西决定将部分人口和经济活动从沿海地区迁往内陆。首都新址选在中部戈亚斯州所在的高原上，几千名工人从国家东北部来到这里建设新首都。新首都的建造必须反映国家的政治和经济规划，但也必须融入现代建筑的创新特色。

建筑师奥斯卡·尼迈耶是“新首都计划”（Novacap，一个专门研究巴西新首都建设规划的组织）的代表，也是城市发展规划竞赛评审委员会的成员之一。同时，他被任命设计新首都的头两座建筑：总督府和用于接待来宾的酒店。

城市布局的规划师是卢西奥·科斯塔，他采用了两种技术手段：一是采用现代高速公路，二是加入众多花园和公园。

P296
三权广场上直冲云霄的国会大厦的双塔以及旨在纪念巴西利亚城市建设者的纪念雕塑。

P297 上
尼迈耶风格的主题是对比。一系列弯曲、波浪形、倾斜的平面与明显的方形表面产生了强烈的对比。

P297 下
在国会大厦的双塔底部，可以看到参议院的圆顶建在大厦的覆层基座之上。

巴西利亚的建筑沿着两条轴线布局，一条轴线略微弯曲，与另一条轴线相交形成一个形似飞鸟的变形的十字形，这一新的巨大城市景观为雕塑建筑（如光滑如鸟骨的大理石元素）提供了一个庄严且充满语义学含义的背景。

“纪念轴公路”与城市的居住区轴线相交，所有的政府大楼均沿此而立。政府部门广场位于纪念轴公路的末端，可经一条宽阔的主干道通达，两旁是16座平行六面体的建筑。

尼迈耶的两件代表作矗立在广场的两侧：外交部大楼和司法部大楼，前者倒映在一个大水池中，后者的小型人工瀑布代表着巴西境内为数众多的自然瀑布。从纪念轴公路的尽头进入三权广场，这里极具象征意义和政治意义。广场的名

字指的是宪法赋予的三权分立：左侧的总统府代表行政权；右侧的高级法院代表司法权；著名的国会大厦代表立法权。国会大厦底部还有一座低矮的建筑，上面有两个半球形的屋顶，一个球面朝下，象征着众议院，一个球面朝上，象征着参议院。

巴西利亚集中了众多高质量的建筑和设计，这在其著名建筑和现代艺术纪念碑中可见一斑。其中两座由尼迈耶设计，一座是辉煌的由混凝土和玻璃建造的皇冠形大教堂；另一座是方形的鲍思高神父纪念堂，纪念堂的墙壁嵌有蓝色和青色玻璃。

为了向成千上万的城市建设者致敬，布鲁诺·焦尔尼受命建设了“勇士”雕塑；另一件卓越的作品由尼迈耶设计，是一个形状奇特、好像夹子的鸽房。

居住区是巨大的城市社区，使城市结构松散地交织在一起。这种“精简化”也体现在建筑立面的结构设计上。“简约”是在巴西利亚随处可见的关键词，正因如此，这个巨型城市非常容易管理，也容易理解。

P298-299
一个倒置的半球形构成的“圆顶”，尼迈耶将它安置在众议院上。

第六章

大洋洲 Oceania

“海平面逐渐上升，没过了最高的桉树，地球变成了一片广阔的蓝色平原，只有一些山峰矗立在水面之上，最后，连那些最高峰都消失不见了。此时的世界是汪洋一片，神灵们（男人和女人的精魂）不再有合适的地方可以居住。他们中许多被淹死了，其余的则被气旋送到天上，化作星辰。从此，地上的神灵就变成了天上的神灵。”〔M. R. 布里，A. 马加尼诺，《时间与梦想的故事》（*Tales of Time and Dreams*）〕

从史前起，大洋洲的本土文化经历了漫长而复杂的演变，人口的增长、文化和语言的分化、聚落和社会制度的形成，至少经历了4万年的时间跨度。到1万年前，更新世的狩猎者和采集者占领美拉尼西亚（大洋洲岛群）西部时，澳大利亚大陆通过萨赫尔大陆架和塔斯马尼亚岛、新几内亚岛连接起来。此后，萨赫尔大陆架沉到了海平面以下。经过几代人的努力，澳大利亚的原住民将他们对于远古事件的记忆代代相传，并创造出了丰富多样的寓言和传说。这些故事都指向一个神话般的时代，那是在天地之初，梦幻的神奇生灵在各个时代出现。这些神奇生灵来自天空、大地和未知世界，是“最初的人类”的创造者。根据记述，早期的人类被安置在某些专为他们和他们的后代所保留的地区，并受到特定神灵的保护。因此，每个土著人和其出生地之间有着不可分割的联系，他能辨认出那块土地上各种不同的元素，这些元素都是祖先神灵的化身，并保留着祖先的精神。

至今，原住民仍然追随着歌谣中的线索，延续着先祖的轮回，“古代先民游荡在广阔的土地上，边走边唱：他们歌唱河流、山脉、河滩、沙丘；他们去打猎、进食、繁衍、舞蹈、杀戮——他们在走过的道路上留下了音乐的痕迹。”〔布鲁斯·查特文，《歌之版图》（*The Songlines*）〕

澳大利亚大陆上曾居住着数百个土著部落。在16世纪初，荷兰探险队首次到达该大陆时，这些原住民已经形成了一种非凡的环境适应能力，以及一种独特的与野生动物亲密共存的原始关系。

麦哲伦一路向西航行，穿过将大西洋和南太平洋分开的波涛汹涌的海峡，驶过了被他称为太平洋的平静大洋后，到达了被他称为“盗贼岛”的马里亚纳群岛。正如一位麦哲伦的传记作家曾说的那样：“太平洋的浩瀚，人类的思维难以把握。”其他探险队也在这片新发现的大洋上不断探索，述说着南太平洋的美丽和自然财富。

在这样广阔的水域中独自航行，人们很难找准自己的方位，却因此产生了一系列遐想和幻想。这里只有几条带状的狭长陆地；许多岛屿会出乎意料地出现在视野中，或者突然消失，尽管地图上明确标出了一些小岛，但这些小岛很可能只是稍微露出海面一点，又或者它们只是浩瀚的海洋中人们虚无缥缈的幻想。这就是18世纪人们对于南太平洋上的“漂移群岛”的地理学认识。

一旦这些太平洋中的岛屿（尤其是波利尼西亚的岛屿）从想象变为现实，它们就成了科学研究的对象，开始了被殖民和接受基督教布道的历史时期。当启蒙“高贵野蛮人”（一种幻想中的理想化土著，善良、纯真、未受玷污）的神话被抛弃，19世纪的西方国家便以残暴的方式占领了这些岛屿，这些原住民的社会传统因新定居的白人的利益而被完全颠覆。

悉尼歌剧院。

吉巴欧文化中心。

澳大利亚的孤寂荒凉使它与太平洋其他陆地乐园般的形象迥然不同。在詹姆斯·库克到达以前，其他地区的人从未进入过这个不算宜居的地方探险。1770年，库克探索了澳大利亚的东海岸，并声称这是一块无主之地，而自己拥有它的所有权，并提到当地人很希望他留下。到19世纪中期，数万名英国囚犯被流放到澳大利亚大陆，殖民进程自此开始了。

艺术家和文学家笔下的南太平洋拥有光彩夺目的魅力，但是“稍有不慎，美梦就会化为泡影，成为噩梦。天堂变成地狱，平静之地变成可怕的深渊”，梅尔维尔·迪尼说变化好像会不期而至，“如同童话故事中的魔法花园一样”。

如果历史可以重来，如果先民可以重回故里沐浴阳光，如果库克船长可以沿着新荷兰海岸在大堡礁海域航行，看到悉尼歌剧院的白色混凝土船帆，他是否会赞美这片矗立着切开的水果一般的新建筑的土地？伟大的探险者又是否会尊重这块土地的原有风貌，遵守他的诺言，不在未经原住民同意的情况下占领它？

今天，悉尼港的地标——悉尼歌剧院很自然地统领着悉尼港的风景，有些人将这归因于歌剧的魅力，有些人将这归因于征服者的强权。但在它层叠的外壳里，空荡处又透着一股原始的味道。

在现代甚至殖民时代之前，澳大利亚没有建筑保留下来，因为澳大利亚土著部落的建筑本质上是对地面景观的再创造和对领土的维护。这里要再提起自然形态与神话之间的关系：譬如神话中蜿蜒前行的大蛇是蜿蜒河道的反映。对土地的地形学知识及对各种象征意义的了解使部落成员能够扎根于此，“定期找到水井、道路和猎物丰富的地方，”从而避免侵犯其他族群的领地边界并引发争端〔恩里科·圭多尼，《原生建筑》（*Primitive Architecture*）〕。

新喀里多尼亚的村庄有一种典型的“大棚屋”，它的屋顶呈高高的圆锥形，顶部稍作装饰，其平面呈圆形，房屋中间有一根柱子。这座大棚屋是整个村庄最重要的建筑，象征着酋长的权力，也象征着建造它的部落团结一致。大棚屋是“男人的房子”，从今天的角度理解，就是一种公共建筑。大棚屋的门口对着村中的空地，那是部落集体活动的场所，用以庆祝节日、表演歌舞等。各家的房子则分布在大棚屋的两侧，其中由木质桁架和木板制成的弯曲结构看起来和大棚屋类似，类似于卡纳卡人（Kanaka）的村庄，它们与周围茂盛的植物浑然一体。这些房屋的设计普遍使用了传统材料和技术。然而，是遵循传统使用天然易损材料，还是多样化地选用改良的坚固材料，这一抉择存在风险。

回到当下。几个世纪以来，人类一直梦想着传奇的、田园牧歌式且激情四射的狂野新世界所代表的知识和财富，现在它向我们讲述了自己的故事：“在这个句子结束的时候，雨会开始落下。在雨的边界，有一面帆……一个目光忧郁的男子拾起雨水，从中牵出《奥德赛》的第一行诗句。”〔德里克·沃尔科特，《新世界的地图》（*The Map of the New World*）〕

The Opera House

悉尼歌剧院

澳大利亚——悉尼

P304 左
在阳光的照耀下，外墙的白色瓷砖美轮美奂。

P304 右
小演出厅的观众席位于建筑的主楼层中，周围环绕着包厢，前方是舞台。

1957年，丹麦建筑师约恩·乌松在悉尼新歌剧院的国际设计竞赛中胜出。优越的地理位置和不设限制的设计要求让每一位参赛者的想象力都得到充分的发挥。乌松绘制了十几张简单而富有诗意的图纸，图中建筑的外部轮廓非常漂亮，就像一队帆船，第一时间就吸引了所有人。

工程于1959年动工，但由于乌松遇到了很多行政方面的问题，他被迫在1966年退出项目委员会。直到1973年，该项目才由其他建筑师完成。这座壮观的建筑基于简单而合理的理念设计，与现代主义的严谨风格相去甚远。

悉尼歌剧院叠放的贝壳状屋顶，其形状是由一个直径75米的虚拟球体分解而来。乌松对该建筑

P305 上
几十年来，悉尼歌剧院给参观者带来了无穷的想象和灵感，它已经成为悉尼的标志。歌剧院坐落之处原是一大片绿地，绿地中间是当年的澳大利亚总督府。

P305 下左
歌剧院的贝壳形拱顶，呈阶梯状相互叠加，最高处约为55米。

P305 下右
从空中俯瞰歌剧院，它奇特的造型与海浪有明显的相似之处。

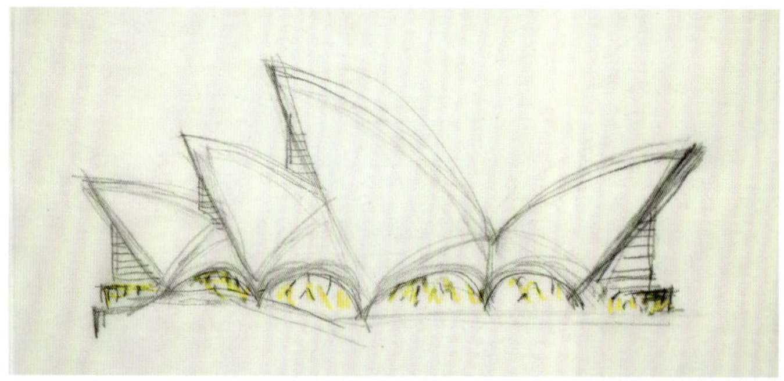

P306-307
歌剧院的贝壳形拱顶向东伸向太平洋，而海港大桥长长的弧形似乎在向这些优雅的贝壳致敬。从这个角度能看到拱顶外部瓷砖的铺贴设计——从每片“贝壳”的底部开始呈放射状延伸。

P306 下
从歌剧院的横截面能看出乌松的基本设计理念（1966—1971年曾由其他设计师修改过）。可见，乌松的设计虽然大体上得到了尊重，但仍有部分原始设计没有得到保留。

P307 下左
这张照片拍摄于歌剧院屋顶即将竣工前，图中拱顶旁的是起重机和脚手架。此时，建筑施工过程中产生的管理问题迫使主持工程多年的乌松辞职。

P307 下右
20世纪50年代末，乌松在悉尼市议会上介绍悉尼歌剧院的模型。其宏伟、现代化的造型不仅在那个时代令人耳目一新，至今也仍未落伍。

及其架构的灵感主要来自自然形态和结构，如翻卷的波浪、海鸥的喙、鲨鱼的背鳍等。

覆盖两个主要演出厅和餐厅的屋顶主要由三个部分组成：主壳片、侧壳片和通风壳片，根据功能的不同而有所区别。每组壳片都由两个对称的部分组成，围绕着所覆盖房间的中轴线，使用一系列特殊的由混凝土制成的扇形肋拱支撑。

屋顶的横截面由不同高度的拱顶组成，其中最大的拱门高约55米。这样一系列优雅的屋顶，既彼此独立又相互平衡。这一设计震撼了一代不断尝试钢筋混凝土应用的新可能性的设计师，也成为当代建筑革新的象征。

由于歌剧院的屋顶是相对独立的，所以其内部和外部空间可以分别修建。乌松的这一杰作源于对想象力、梦想和表现形式的执着追求。无论从任何角度来欣赏，这座建筑都如同一座雕塑。

装饰属性是建筑固有的特性，并会直接体现在基本元素的设计中。歌剧院整个建筑一目了然，没有多余的填充物或可见的机械结构。乌松曾说：“试想一座哥特式教堂吧，这就是我想实现的东西。太阳、光线和云彩使它栩栩如生，永不令人厌倦。”

不幸的是，这个非同寻常、备受争议的建筑只有一部分保留了最初的设计方案，就是叠覆的“船帆”外壳和地台，甚至连外层材料都没有按原先设想的进行。

现有的窗户、剧场和内部饰面等都不是乌松的设想，而且由于乌松特有的不断修改设计的习惯，很难根据他的设计图重建这些部分。尽管如此，悉尼歌剧院仍然是当之无愧的悉尼象征，令这座城市闻名于世。

The Tjibaou Cultural Center

吉巴欧文化中心

新喀里多尼亚（法）——努美阿

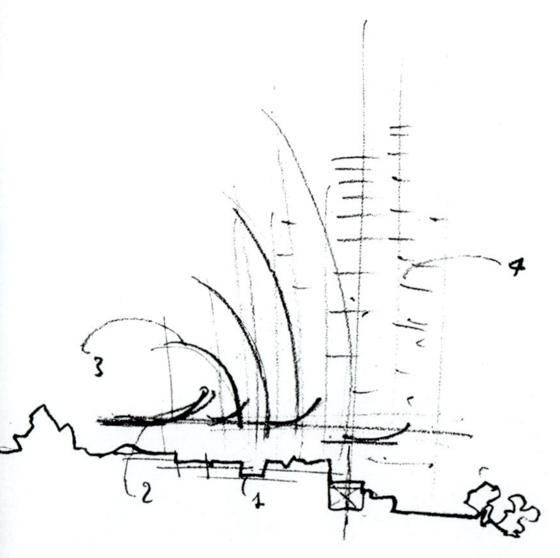

由于远离大陆，法国海外属地新喀里多尼亚保留了许多传统氛围和传统之美，以及非凡的生物多样性。法国斥资建造了一座文化中心，旨在纪念传教士到来之前岛上最早的居民——卡纳卡人，该中心以1989年被枪杀的卡纳卡民族运动领导人让-马里·吉巴欧的姓氏来命名。

吉巴欧文化中心优雅地伫立在粉白相间的长长海滩、碧绿晶莹的潟湖以及高耸的松树之间。其设计者为法国的伦佐·皮亚诺，设计灵感来源于新喀里多尼亚的传统棚屋建筑。

文化中心位于距首都努美阿约13千米的一个自然公园的海角上，由10座19米到28米高的棚屋单体组成，各建筑间由一条廊道连接。这

P308
皮亚诺的草图画出了他的基本理念，水平线和垂直线互相交叉，勾勒出了“棚屋”的外观。

P309 上
从海上遥望文化中心，它被新喀里多尼亚的茂盛草木围绕，与岛上传统棚屋建筑之间的渊源显而易见。

P309 中
夜晚，灯光仿佛将文化中心变成一个魔幻世界，灯光、建筑融为一体。棚屋较高的部分面向大海，以降低信风的侵袭。

P309 下
吉巴欧文化中心的展馆主要由木头制成，与自然环境融为一体，令人惊叹。中心展馆主要展示新喀里多尼亚的传统手工艺品。

些棚屋或用于举办原住民的特殊活动，或用于展示他们的代表性艺术。这组建筑占地8000多平方米，收藏了当地传说、故事、当代本土文学、陶器和装饰物等文化遗产。该建筑的一部分用作临时或长期展览的场地，其余部分用作办公室、图书馆和礼堂。最后一座棚屋用于表演传统音乐和舞蹈，不过在每座棚屋里和廊道边都能听到音乐。

棚屋采用钢材、木材和玻璃等建筑材料做“外壳”，体现了当地棚屋明亮轻盈和易损的特点；同时采用了与新喀里多尼亚棚屋一样的传统村落布局。这些棚屋都朝东，既利于采光，也能使建筑免遭信风袭击。

棚屋的外墙为双层木肋板，由一系列钢筋连接在一起，中间填充的是一种热带树木的树皮，

P310-311
吉巴欧文化中心只是看起来脆弱。木材是一种耐久而柔韧的材料，即使在传统建筑中，它也能完美抵御多变而恶劣的天气情况。

P310 下
这一简单的“编织”结构反映了展馆设计、材料和自然环境之间的密切关系。

P311 上
与木质结构形成对比的是，金属材料的使用增加了建筑物的坚固性。它们在木质骨架和构成内外墙的肋板中间，所以参观者是看不到的。

P311 下
在文化中心的一个展馆内展出的雕像。雕像对卡纳卡人来说是很神圣的。每个展馆分别展示当地文化的一个特定方面。

起到遮阳的作用。吉巴欧文化中心是传统圆锥形棚屋的现代化版本，它们矗立在茂盛的植被之上，改变了这片区域的天际线，却没有改变自然的平衡。每座棚屋的设计灵感都来自它们身后的独特背景。

皮亚诺尊重当地风俗和文化的设计造就了这个文化中心，它很好地完成了一个光荣的使命——保护和传播当地的美景。

地理名词
中外对照表

Geographical names in Chinese and foreign language

A

阿尔卡特拉斯岛 Alcatraz Island

阿尔梅里纳广场 Piazza Armerina

阿尔忒弥斯神庙 Temple of Artemis

阿格拉 Agra

阿奎莱亚 Aquileia

阿拉伯福地 Arabia Felix

埃克巴坦那 Ecbatana

埃斯奎里山 Esquiline Hill

安曼 Amman

奥庇乌斯山 Oppian Hill

奥克苏斯河 Oxus River

奥林匹亚 Olympia

B

巴比伦 Babylon

巴克特里亚 Bactria

巴克王国 Kingdom of Bak

巴伦西亚 Valencia

巴斯克 Basque

巴西利亚 Brasilia

贝里科山 Monte Berico

毕尔巴鄂 Bilbao

波恩 Bonn

波托马克河 Potomac River

博堡广场 Place Beaubourg

C

窗宫/蝙蝠宫 Palace of Windows/ Palace of the Bats

D

达达尼尔海峡 Dardanelles Strait

大开罗区 Greater Cairo Area

德绍 Dessau

的黎波里塔尼亚 Tripolitania

底比斯 Thebes

帝国大厦 Empire State Building

蒂卡尔 Tikal

F

法洛斯岛 Island of Pharos

梵蒂冈山丘 Mons Vaticanus

费尔特德 Fertod

芬兰湾 Gulf of Finland

丰塞卡湾 Gulf of Fonseca

G

橄榄山 Mount of Olives

哥斯达黎加 Costa Rica

戈亚斯州 Goias

格拉纳达 Granada

H

哈利卡纳苏斯 Halicarnassus

海龟之家 House of the Turtles

赫里奥波里斯 Heliopolis

洪都拉斯 Honduras

J

纪念轴公路 Monumental Axis

犍陀罗 Gandhara

金宫 Domus Aurea

金门海峡 Golden Gate

旧金山湾 San Francisco Bay

K

喀山 Kazan

卡巴 Kabah

卡纳卡村 Kanaka villages

卡尚 Kashan

凯杜山谷 Kedu Valley

坎帕纳 Campana

坎佩切州 Campeche

科尔马 Colmar

克莱斯勒大厦 Chrysler Building

苦路 Via Crucis

L

拉赫马特山 Kuh-i Rahmat

拉卡姆哈城 Lakam Ha

拉韦纳 Ravenna

莱顿艺术画廊 Layton Art Gallery

里亚托 Rialto

卢克索神庙 Temple of Luxor

伦敦桥 London Bridge

罗德岛 Rhodes

罗斯宾山丘 Rospin Hills

M

马里亚纳群岛 Mariannas

马林海岬 Marin Headlands

马其顿 Macedonia

玛雅潘 Mayapán

迈德赫特平原 Plateau of Merdacht

湄南河 Chao Phraya river

美国国会大厦 Washington's Capitol Hill

美拉尼西亚 Melanesia

密尔沃基 Milwaukee

密尔沃基美术中心 Milwaukee Art Institute

密歇根湖 Lake Michigan

摩索拉斯陵墓 Tomb of Mausolus

穆塔兹 Mumtazabad

N

内尔维翁河 Nervión River

尼加拉瓜 Nicaragua

尼科亚湾 Gulf of Nicoya

尼禄湖 Stagnum Neronis

纽奥良竞技场 New Orleans Arena

纽约联合广场 Union Square

纽约湾 New York Bay

努比亚 Nubia

努美阿 Noumea

诺帕特 Nohpat

P

帕拉蒂诺山丘 Palatine Hill

帕伦克 Palenque

帕萨尔加德 Pasargadae

庞贝古城 Pompeii

佩滕省 Petén

匹兹堡 Pittsburgh

普哈尔河 Puhar River

普克 Puuc region

普克山脉 Puuc Sierra

Q

奇迹广场 Piazza dei Miracoli

奇琴伊察 Chichén Itzá

恰帕斯 Chiapas

切图利克斯 Chetulix

S

萨尔瓦多 El Salvador

萨赫尔大陆架 Sahul Shelf

塞卜拉泰 Sabratha

塞加拉 Saqqara

色雷斯 Thrace

上纽约湾 Upper New York Bay

设拉子 Shiraz

圣谢尔盖和巴克斯教堂 Saints Sergius and Bacchus

四方修女院 Nunnery Quadrangle

苏萨 Susa

索尔兹伯里平原 Salisbury Plain

所罗门圣殿 Solomon's Temple

T

塔巴斯科 Tabasco

塔普苏斯 Thapsus

塔斯马尼亚岛 Tasmania

特奥蒂瓦坎 Teotihuacán

特万特佩克湾 Gulf of Tehuantepec

图里亚河 River Turia

W

危地马拉 Guatemala

威利斯大厦/西尔斯塔 Willis Tower/Sears Tower

威利亚山 Velian Hill

威斯康星州 Wisconsin

韦拉克鲁斯 Veracruz

维罗纳 Verona

维纳斯和罗马神庙 Temple of Venus and Roma

魏玛 Weimar

温赖特大厦 Wainwright Building

乌斯马尔 Uxmal

X

西克河 Siq

西莲山 Caelian Hill

锡尔河 Syr Daria River

悉尼港 Sydney Harbour

新荷兰海岸 coast of New Holland

新几内亚岛 New Guinea

新喀里多尼亚 New Caledonia

欣嫩子谷 Valley of Hinnom

熊跑溪 Bear Run

Y

亚历山大城 City of Alexandria

亚历山大灯塔 Pharos of Alexandria

亚历山大港 Alexandria

亚穆纳河 Yamuna River

亚速尔群岛 Azores

伊比利亚半岛 Iberian Peninsula

伊利诺伊州 Illinois

伊斯法罕 Isfahan

伊斯坦布尔海峡 Bosporus Strait

以弗所 Ephesus

印第安纳州 Indiana

印度河 Indus River

尤卡坦半岛 Yucatán Peninsula

尤卡坦州 Yucatán

Z

战神广场 Campus Martius.

爪哇岛 Java Island

总督府 Governor's Palace

Geographical names in Chinese and foreign language

人名中外对照表

A

A. 马加尼诺 A. Magagnino
阿卜杜勒·马利克 Abd al-Malik
阿德旺图斯 Adventus
阿尔塔薛西斯一世 Artaxerxes Ⅰ
阿尔塔薛西斯三世 Artaxerxes Ⅲ
阿尔维塞·诺沃 Alvise il Nuovo
阿戈斯蒂诺·迪·乔瓦尼 Agostino di Giovanni
阿赫卡王 Jasaw Chan K'awiil Ⅰ
阿胡拉·玛兹达 Ahura Mazdah
阿拉特 Allat
阿里斯托泰莱·菲奥拉万蒂 Aristotele Fioravanti
阿利斯塔克 Aristarchus of Samos
阿马纳特·汗 Amanat Khan
阿蒙 Amun
阿蒙霍特普三世 Mentuhotep Ⅲ
阿慕尔·伊本·阿斯 Amr Ibn al-As
阿尼奥洛·迪·文图拉 Agnolo di Ventura
阿诺尔福·迪·坎比奥 Arnolfo di Cambio
阿图姆 Atum
埃德加·考夫曼 Edgar Kaufmann
埃尔金伯爵 Lord Elgin
埃罗·萨里宁 Eero Saarinen
埃米利奥·德·法布里斯 Emilio de Fabris
爱德华·德·拉布莱 Edouard de Laboulaye
爱德华·克拉克 Edward Clark
爱德华·维亚尔 Édouard Vuillard
爱德华七世 Edward Ⅶ
安德烈·勒诺特 André Le Nôtre
安德烈亚·德尔·卡斯塔尼奥 Andrea del Castagno
安德烈亚·帕拉第奥 Andrea Palladio
安德烈亚·皮萨诺 Andrea Pisano
安东·埃哈德·马丁内利 Anton Erhard Martinelli
安东尼·高迪·科尔内特 Antoni Gaudí i Cornet
安东尼奥·德尔·波拉约洛 Antonio del Pollaiolo
安东尼奥·维森蒂尼 Antonio Visentini
安格-雅克·加布里埃尔 Ange-Jacques Gabriel
安托万·夸佩尔 Antoine Coypel
奥斯卡·尼迈耶 Oscar Niemeyer

B

巴尔达萨雷·佩鲁齐 Baldassare Peruzzi
巴加尔二世 Hanab Pacal Ⅱ the Great
巴拿巴 Barnabas
巴托洛梅奥·拉斯特列利 Bartolomeo Rastrelli
保罗·阿尔梅里科 Paolo Almerico
保罗·基希奥夫 Paul Kirchoff
保罗·金德罗普 Paul Gendrop
保罗·乌切洛 Paolo Uccello
保罗·西涅克 Paul Signac
保罗三世 Paul Ⅲ
保罗六世 Paul Ⅵ

鲍里斯·戈杜诺夫 Boris Godunov
鲍思高神父 Don Bosco
贝尔纳多·罗塞利诺 Bernardo Rossellino
贝尔尼尼 Bernini
本杰明·亨利·拉特罗布 Benjamin Henry Latrobe
比阿特丽克斯·赫林 Beatrix Herling
彼得·巴拉诺夫斯基 Pyotr Baranovsky
彼得·克莱顿 P. A. Clayton
彼得·赖斯 Peter Rice
彼得罗·坎迪亚诺四世 Pietro CardinaioⅣ
彼得罗·罗塔里 Pietro Rotari
彼得罗·索拉里 Pietro Solari
庇护二世 Pius Ⅱ
宾塔娜特 Bentanta
波利娜·波拿巴 Pauline Bonaparte
波斯尼克·雅科夫列夫（巴尔马） Posnik Yakovlev（Barma）
伯里克利 Pericles
博恩·弗莱金 Bon Friazin
博南诺·皮萨诺 Bonanno Pisano
布鲁诺·焦尔尼 Bruno Giorni
布鲁诺·泽维 Bruno Zevi
布鲁斯·查特文 Bruce Chatwin
布鲁斯·格雷厄姆 Bruce Graham

C

查尔斯·布尔芬奇 Charles Bulfinch
查尔斯·德拉·福斯 Charles de la Fosse
查尔斯·加尼叶 Charles Garnier
查克·莫 Chac Mool
查理五世 Charles V
查理十二世 Charles Ⅻ
查士丁尼一世 Justinian I

D

大流士一世 Darius I
戴克里先 Diocletian
戴维·卡勒 David Kahler
丹·基利 Dan Kiley
丹麦的亚历山德拉 Alexandra of Denmark
丹尼尔·李布斯金 Daniel Libeskind
德里克·沃尔科特 Derek Walcott
德米特里一世 Demetrius Poliorcetes
狄奥多西二世 Theodosius Ⅱ
杜乔·迪·博宁塞尼亚 Duccio di Buoninsegna
杜莎拉 Dushara
多丽丝·海登 Doris Heyden
多梅尼科·丰塔纳 Domenico Fontana
多梅尼科·孔塔里尼 Domenico Contarini
多纳托·布拉曼特 Donato Bramante

E

恩里科·圭多尼 Enrico Guidoni

F

法勒鲁姆的德米特里 Demetrius of Phaleron
法兹勒·汗 Fazlur Khan
菲茨休·斯科特 Fitzhugh Scott
菲迪亚斯 Phidias
菲利贝尔·勒罗伊 Philibert le Roy
菲利波·布鲁内莱斯基 Filippo Brunelleschi
斐迪南二世 Ferdinand Ⅱ of Aragon
费代里科·祖卡里 Federico Zuccai
佛卡斯 Phocas
弗拉米尼亚·巴尔托利尼 Flaminia Bartolini
弗兰基 Franchi
弗兰克·格里 Frank O. Gehry
弗兰克·劳埃德·赖特 Frank Lloyd Wright
弗朗茨·约瑟夫·海顿 Franz Joseph Haydn
弗朗切斯科·塔伦蒂 Francesco Talenti
弗朗切斯科·泰代斯基尼·皮科洛米尼 Francesco Tedeschini Piccolomini
弗朗西斯科·德尔·维拉 Francisco del Villar
弗雷德里克·奥古斯特·巴托尔迪 Frédéric-Auguste Bartholdi

G

格特鲁德·莫里森 Gertrude Morrison
古列尔莫·诺韦利 Guglielmo Novelli
古纳德尔玛 Gunadharma

H

哈德良 Hadrianus
哈夫拉 Khafra
哈特谢普苏特 Hatshepsut
哈托尔 Hathor
荷马 Homer
赫利俄斯 Helios

胡夫 Khufu
霍勒斯 · 琼斯 Horace Jones
霍诺留 Honorius

J
姬蔓 · 芭奴（穆塔兹 · 玛哈尔） Arjumand Banu (Mumtaz Mahal)
吉安 · 洛伦佐 · 贝尔尼尼 Gian Lorenzo Bernini
吉罗拉莫 · 博恩 Girolamo Bon
纪尧姆 · 布格罗 Guillaume Bouguereau
加百列 Gabriel
加斯帕雷 · 福萨蒂 Gaspare Fossati
贾科莫 · 德拉 · 波尔塔 Giacomo della Porta
教皇卜尼法斯八世 Pope Boniface Ⅷ
杰拉尔德 · 麦克林登 Gerald McLindon
紧那罗 Kinnara
居伊 · 德 · 莫泊桑 Guy de Maupassant
君士坦丁大帝 Emperor Constantine

K
卡拉卡拉 Caracalla
卡利古拉 Caligula
卡利克拉特 Callicrates
卡洛 · 马代尔诺 Carlo Maderno
卡蒙罗内比蒂二世 Khamerernebti II
卡斯蒂利亚的布朗歇 Blanche de Castile
卡西乌斯 · 狄奥 Cassius Dio
康斯坦丁 · 布朗库西 Constantin Brancusi
康斯坦丁诺 · 布鲁米迪 Costantino Brumidi
克莱门特十三世 Clement XIII
克里奥帕特拉 Cleopatra
克里斯蒂安 · 诺伯格-舒尔茨 Christian Norberg-Schulz
克里斯托夫 · 卡培拉 Christoph Kapellar
孔苏 Khonsu

L
拉 · 哈拉胡提 Ra-Horakhty
拉法耶特侯爵 Marquis Lafayette
拉玛一世 Rama I
拉玛三世 Rama Ⅲ
拉玛四世 Rama Ⅳ
拉玛五世 Rama V
拉美西斯一世 Ramesses I
拉美西斯二世 Ramesses II
拉美西斯三世 Ramesses Ⅲ
拉乌尔 · 杜飞 Raoul Dufy
拉扎尔 · 卡冈诺维奇 Lazar Kaganovich
莱奥波尔多 · 达尔 · 波佐 Leopoldo dal Pozzo
莱奥纳尔多 · 贝内沃洛，B · 阿尔布雷克特 L. Benevolo and B. Albrecht
兰多 · 迪 · 彼得罗 Lando di Pietro
勒尼奥 · 德 · 穆孔 Regnault de Moucon
理查德 · 罗杰斯 Richard Rogers
理查德 · 莫里斯 · 亨特 Richard Morris Hunt
利奥十世 Leo X
卢多维科 · 奇戈利 Ludovico Cigoli
卢卡 · 德拉 · 罗比亚 Luca della Robbia
卢恰诺 · 坎福拉 Luciano Canfora
卢西奥 · 科斯塔 Lucio Costa
鲁福 Ruffo
鲁杰罗 · 巴斯卡佩 Ruggero Bascape
路德维希 · 密斯 · 凡 · 德罗 Ludwig Mies Van der Rohe
路易 · 菲利普 Louis Philippe
路易吉 · 珀西科 Luigi Persico
路易九世 Louis Ⅸ
路易十三 Louis XIII
路易十四 Louis XIV
路易十六 Louis XVI
路易丝 · 布儒瓦 Louise Bourgeois
路易斯 · 多里尼 Louis Dorigny
路易斯 · 亨利 · 沙利文 Louis Henry Sullivan
路易斯 · 勒沃 Louis Le Vau
伦佐 · 皮亚诺 Renzo Piano
罗伯特 · 德 · 科特 Robert de Cotte
罗伯特 · 德劳内 Robert Delaunay
罗伯特 · 斯特恩 Robert Stern
洛伦佐 · 鲁比尼 Lorenzo Rubini
洛伦佐 · 马伊塔尼 Lorenzo Maitani

M
M. R. 布里 M. R. Buri
马丁 · 普莱斯 M. J. Price
马尔科 · 弗莱金 Marco Friazin
马可 · 布萨利 Marco Bussagli
马可 · 斯莱特 Mac Slater
马克 · 安东尼 Mark Antony

马克·夏卡尔 Marc Chagall
马库斯·维普萨尼乌斯·阿格里帕 Marcus Vipsanius Agrippa
马里奥·利韦拉尼 M. Liverani, Uruk
马塞尔·格罗迈尔 Marcel Gromaire
马太 Matthew
马特维·卡扎科夫 Matvei Kazakov
玛丽·安托瓦内特 Marie Antoinette
玛丽·路易丝 Marie-Louise of Austria
玛丽亚·特雷莎 Maria Teresa
玛丽亚·特蕾西亚 Maria Theresa
玛利亚·埃洛伊莎·卡罗扎 Maria Eloisa Carrozza
玛利亚·劳拉·韦尔杰利 Maria Laura Vergelli
曼弗雷德·鲁克尔 Manfred Lurker
曼涅托 Manetho
毛尔希兄弟 Marsy brothers
梅尔维尔·迪尼 Melville Dini
梅尔希奥·黑弗勒 Melchior Hefele
门图 Montu
蒙戈尔菲耶兄弟 Montgolfier brothers
孟卡拉 Menkaura
米克洛什·埃斯泰尔哈兹 Miklós Esterházy
米里亚姆·塔维亚尼 Miriam Taviani
米利都的伊西多尔 Isidore of Miletus
莫里斯·郁特里罗 Maurice Utrillo
姆特 Mut
穆罕默德一世 Muhammad I
穆罕默德二世 Muhammad II
穆罕默德四世 Muhammad IV
穆斯塔法·凯末尔·阿塔图尔克 Mustafa Kemal Atatürk
穆西尼 Mussini

N

拿破仑·波拿巴 Napoléon Bonaparte
纳塔利娅·赫鲁斯彻娃 Natalia Hruscheva
奈菲尔塔利 Nefertari
尼古拉·皮萨诺 Nicola Pisano
尼古拉·维利克莱斯基 Nicola Velikoretsky
尼古拉斯·吉贝尔 Nicholas Guybert
尼古拉一世 Nicholas I
尼古拉二世 Nicholas II
尼古拉五世 Nicholas V
尼孔 Nikon
尼禄 Nero
诺曼·福斯特 Norman Foster

O

欧麦尔·伊本·哈塔卜 Omar ibn al-Khattab
欧麦尔一世 Umar I
欧内斯特·梅索尼尔 Ernest Meissonier
欧文·莫罗 Irving Morrow

P

佩格·布拉德利 Peg Bradley
皮埃尔·查尔斯·朗方 Pierre Charles L'Enfant
皮尔·波纳尔 Pierre Bonnard
皮拉特尔·德·罗齐耶 Pilâtre de Rozier
毗湿奴 Vishnu
平图里基奥 Pinturicchio
普鲁塔克 Plutarch
普罗科匹厄斯 Procopius
普塔 Ptah

Q

恰克 Chac
强·巴鲁姆二世 Can Balam II
乔达摩·悉达多 Siddhartha Gautama
乔托·迪·邦多内 Giotto di Bondone
乔瓦尼·达·斯波莱托 Giovanni da Spoleto
乔瓦尼·迪·切科 Giovanni di Cecco
乔瓦尼·迪·西蒙纳 Giovanni di Simone
乔瓦尼·皮萨诺 Giovanni Pisano
乔治· 瓦萨里 Giorgio Vasari
乔治·哈德菲尔德 George Hadfield
乔治·华盛顿·斯诺 George Washington Snow
乔治·蓬皮杜 Georges Pompidou
乔治·修拉 Georges Seurat

R

让·茹弗内 Jean Jouvenet
让-巴蒂斯特·图比 Jean-Baptiste Tuby
让-巴蒂斯特·亚历山大·勒布隆 Jean-Baptiste Alexandre Leblond
让-弗朗索瓦·商博良 Jean-François Champollion
让-马里·吉巴欧 Jean-Marie Tjibaou
让-雅克·卢梭 Jean-Jacques Rousseau
日什蒙德·鲍比奇 Zsismond

Babics
若望二十三世 John XXIII

S

塞巴斯蒂亚诺 · 里奇 Sebastiano Ricci
塞内卡 Seneca
塞普蒂米乌斯 · 塞维鲁 Septimius Severus
塞提一世 Seti I
塞提二世 Seti II
沙 · 贾汗 Shah Jahan
圣阿德里安 St. Adrian
圣巴西勒（受保佑的巴西勒） St. Basil（Basil the Blessed）
圣地亚哥 · 卡拉特拉瓦 Santiago Calatrava
圣福斯蒂娜 St. Faustina
圣格里高利 · 阿尔曼斯基 Grigory Armyansky
圣居普良 St. Cyprian
圣纳塔利娅 St. Natalia
斯蒂芬 · H. 哈雷特 Stephen H. Hallet
斯科特 · 菲茨杰拉德 Scott Fitzgerald
苏莱曼一世 Suleiman the Magnificent
所罗门 · R. 古根海姆 Solomon R. Guggenheim
索奇皮利 Xochipilli

T

特拉勒斯的安提莫斯 Anthemius of Tralles
特拉洛克 Tlaloc
提图斯 Titus
帖木儿 Timur
图特摩斯一世 Thutmosis I
图特摩斯三世 Thutmosis III
图特摩斯四世 Thutmosis IV
托勒密一世 Ptolemy I
托马斯 · U. 沃尔特 Thomas U.Walter
托马斯 · 杰斐逊 Thomas Jefferson
托马斯 · 克劳福德 Thomas Crawford
托马索 · 皮萨诺 Tommaso Pisano

W

瓦尔拉姆 · 胡廷斯基 Varlaam Hutynsky
瓦尔特 · 格罗皮乌斯 Walter Gropius
瓦西里 · 叶尔莫林 Vasily Ermolin
威廉 · H. 雷诺兹 William H. Reynolds
威廉 · 凡 · 艾伦 William Van Alen
威廉 · 桑顿 William Thornton
薇塔 · 萨克维尔-韦斯特 Vita Sackville-West
韦斯巴芗 Vespasian
维奥莱-勒-杜克 Viollet-le-Duc
维塔莱 · 法里厄 Vitale Falier
文森佐 · 斯卡莫齐 Vincenzo Scamozzi
沃尔特 · 珀西 · 克莱斯勒 Walter Percy Chrysler
乌尔班八世 Urban VIII
屋大维 Octavian
兀鲁伯 Ulugh Begh

X

西顿的安提帕特 Antipater of Sidon
西尔维奥 · 库尔托 Silvio Curto
西克斯图斯五世 Sixtus V
西门 Simon
西蒙 · 乌沙科夫 Simon Ushakov
西萨 · 佩里 Cesar Pelli
希拉 · 蕾贝 Hilla Rebay
希罗多德 Herodotus
希斯塔斯帕 Hystaspes
喜帕恰斯 Hipparchus
夏尔 · 勒布兰 Charles Le Brun
小安东尼奥 · 达 · 圣加洛 Antonio da Sangallo
小伊西多尔 Isidorus the Younger
谢赫 · 穆罕默德 · 本 · 拉希德 · 阿勒马克图姆 Sheikh Mohammed Rashid Al Maktoum
薛西斯一世 Xerxes I

Y

雅各布 · 圣索维诺 Jacopo Sansovino
雅克-安格 · 加布里埃尔 Jacques-Ange Gabriel
雅克金王 Yik'in Chan K'awiil
雅朗图什 · 巴哈杜尔 Yalangtush Bakhodur
亚伯拉罕 Abraham
亚历山大 · 古斯塔夫 · 埃菲尔 Alexandre Gustave Eiffel
亚历山大 · 斯维斯基 Alexander Svirsky
亚历山大 · 小仲马 Alexandre Dumas fils
亚历山大八世 Alexander VIII
亚历山大大帝 Alexander the Great
亚历山德拉 · 卡坡蒂菲罗 Alessandra Capodiferro
亚历山德罗 · 德拉 · 盖拉尔代斯卡 Alessandro della Gherardesca

亚历山德罗 · 马甘萨 Alessandro Maganza

叶卡捷琳娜二世 Catherine the Great

伊本 · 耶巴 Ibn al-Yayyab

伊本 · 扎姆拉克 Ibn Zamrak

伊凡三世 Ivan Ⅲ

伊夫 Yves

伊克提诺斯 Ictinus

伊莎贝拉一世 Isabella I of Castile

以撒 Isaac

英诺森三世 Innocent Ⅲ

优素福一世 Yusuf I

尤利乌斯二世 Julius II

犹大 Judas

约安 · 沃斯托科夫 Ioann Vostogov

约恩 · 乌松 Jorn Utzon

约翰 · 伯根 John Burgon

约翰 · 弗里德里希 · 布劳恩施泰因 Johan Friederich Braunstein

约翰 · 路德维希 · 布尔克哈特 Johann Ludwig Burckhardt

约翰 · 沃尔夫 · 巴里 John Wolfe-Barry

约翰 · 雅各布 · 拉斯各布 John Jackob Raskob

约翰 · 约瑟夫 · 罗斯勒 Johann Joseph Rossler

约翰一世 John Chrysostomus

约瑟夫 · 贝尔曼 · 斯特劳斯 Joseph Baermann Strauss

约瑟夫 · 伊格纳茨 · 米尔多弗 Josef Ignaz Mildorfer

Z

詹姆斯 · 霍本 James Hoban

詹姆斯 · 库克 James Cook

朱尔 · 阿杜安-芒萨尔 Jules Ardouin-Mansart

朱塞佩 · 福萨蒂 Giuseppe Fossati

朱赛佩 · 瓦拉迪耶 Giuseppe Valadier

朱斯蒂尼亚诺 · 帕提奇奥 Giustiniano Particiaco

作者名录

Alessandra Capodiferro 1~7, 142~145, 238~241, 282~285, 304~307

Beatrix Herling 88~91, 154~157, 172~173, 210~213, 226~233, 250~253

Flaminia Bartolini 10~71, 168~171, 174~179, 246~249, 292~295

Guglielmo Novelli 92~95, 100~141, 220~225, 234~237, 254~261, 274~277, 300~303, 308~317

Maria Eloisa Carrozza 84~87, 180~187, 194~199, 206~209, 216~219, 286~291, 296~299

Maria Laura Vergelli 88~99, 114~119, 154~157, 226~233, 242~245, 250~253, 262~271, 278~281, 300~303

Miriam Taviani 8~9, 72~83, 146~153, 158~159, 188~193, 200~205

供图说明

以下为部分图片来源，其余为原书插图

视觉中国： Ⅳ-Ⅴ, Ⅷ, 31上, 57左, 57右, 69, 89上, 93下, 98-99, 111上, 112-113, 151上, 155上, 172上, 172下, 173上, 173下, 177上, 178-179, 185上, 188, 189下左, 189下右, 201上, 217上, 217下, 221右, 230左, 230右, 231, 235上, 305上；

Alamy： Ⅵ-Ⅶ, i, 16-17, 20-21, 28, 39上, 46, 52-53, 62-63, 64下, 65上, 67上, 68, 73下, 75下右, 79上, 80-81, 89下, 97上, 97下右, 105, 106, 115上, 116-117, 121上, 122下, 126上, 174, 194左, 198-199, 211下, 212-213, 214-215, 224-225, 227, 228, 247右, 251, 252, 255, 259上, 264-265, 270-271, 284下, 306-307, 312-313

Getty image： 61上

Shutterstock： 155上, 298-299

书中地图插图系原书插图